Michael O'Donnell

Grünholz drechseln

Michael O'Donnell

Grünholz drechseln

ÜBERARBEITETE AUSGABE

HolzWerken

Inhalt

EINLEITUNG

„Grünholz drechseln“ bedeutet, nicht abgelagertes, frisches Holz direkt vom Stamm zu drechseln. Es bringt den Drechsler mit dem Baum bereits in dessen natürlicher Umgebung in Kontakt, wenn er noch lebt und wächst. Das ist der Beginn eines faszinierenden, immer wieder spannenden und auch ertragreichen Handwerks. Beim Drechseln von Grünholz treten die besonderen natürlichen Eigenschaften des Holzes zu Tage, die man sehen und fühlen kann, wie Wärme und Haltbarkeit, Farbe und Maserung, Kontrast zwischen Kern- und Splintholz und das Besondere von Zwieseln und Maserknollen, die man in den Hölzern dieser Welt in unendlicher Vielfalt vorfinden kann. Beim Drechseln von frischem Holz verwandelt sich dieses Rohmaterial in einem äußerst befriedigenden Prozess in ästhetisch ansprechende, kunstvolle, dekorative und nicht zuletzt auch zweckmäßige Dinge.

„Saftfrisch“ zu arbeiten ist aufregend. Man hat die Möglichkeit, zu experimentieren und etwas Neues zu entwickeln. Das gilt insbesondere für Schalen und Gefäße, die in den letzten zwanzig Jahren beim Grünholzdrechseln vorherrschend waren. Ein hoher Prozentsatz der Galeriearbeit wird „saftfrisch“ gedrechselt, weil die Künstler darin eine besondere Freiheit hinsichtlich Ausdruck und Design sehen in Verbindung mit der Möglichkeit, sämtliche Aspekte des Herstellungsprozesses kontrollieren zu können und die natürlichen Gegebenheiten des Baumes in jedem einzelnen Stück voll ausschöpfen zu können. Die Größe des Baumes und die Fähigkeit des Drechslers, damit umzugehen, sind die einzigen Einschränkungen. Viele Stücke entstehen in einem einzigen Arbeitsgang und danach bestimmt der Trocknungsprozess die endgültige Form. Andere Stücke, wie Salatschüsseln, Obstschalen, Zuckerdosen oder alle anderen Schalen, die im fertigen Zustand rund sein müssen, werden zunächst saftfrisch vorgedrechselt und nach dem Trocknen fertig gedreht.

Auf diese Weise kombiniert man die Vorteile des Drechselns im saftfrischen Zustand mit denen des Drechselns von künstlich getrocknetem Holz. Es eignet sich z. B. ideal für Serienherstellung, bei der ein Bestand von vorgedrechselten Schalen aufgebaut wird, der im trockenen Zustand abgearbeitet und laufend ergänzt wird.

Der Arbeitsablauf selbst ist beim Grünholzdrechseln sehr reizvoll, weil sich frisches Holz sauber und leicht schneiden lässt und lange Späne produziert, so dass sich die Zeit für das Schruppen verkürzt. Außerdem reduzieren sich die Kosten, weil Stammware preisgünstiger ist als abgelagertes, trockenes Holz. Mitunter wird der Drechsler sogar für das Entfernen unliebsamer Bäume bezahlt.

Was den Naturschutz anbelangt, kann man für das Grünholzdrechseln sehr gut heimische Hölzer verwenden, die keinen kommerziellen Wert haben, reichlich vorhanden sind und andernfalls als Brennholz verwendet oder dort, wo sie geschnitten oder geschlagen wurden, zum Verrotten liegen gelassen würden. Das bedeutet, dass unser Material nicht mehr aus dem Regenwald und anderen tropischen Wäldern kommt, die durch den Abbau zerstört werden.

Das Wissen des Drechslers über das Holz ist grundlegend für den entscheidenden ersten Schritt, nämlich für das Erkennen des Potentials des Baumes als Ausgangsstoff für Schalen und Gefäße. Vor der Untersuchung des Bauminneren – einem Prozess, bei dem das Holz zerstört wird – ist es wichtig, möglichst viele Informationen anhand seiner äußeren Merkmale aufzunehmen. Rinde und Laub geben Hinweise auf die Baumart und darauf, ob es sich um Hartholz oder Weichholz handelt. Das wiederum sagt etwas über die Struktur und die Farbe des Holzes aus. Blattentwicklung und Jahreszeit deuten auf die Aktivität in der Wachstumsschicht zwischen Rinde und Holz hin, in der das neue Holz entsteht. Jedes Zeichen auf der Rinde gibt Aufschluss über das, was darunter liegt.

Umwallungen zeigen an, wo die Oberfläche beschädigt oder ein Ast abgebrochen ist. Das Holz zwischen einem Ast und dem Hauptstamm über dem Mark nennt man **Zwiesel**. Es hat dekorativ gezeichnetes Holz, dessen Ausmaß durch charakteristische Anzeichen auf der Rinde sichtbar ist. Bereiche mit **Riegeln** im Holz spiegeln sich im Muster der Rinde ebenso wider. Die Umgebung, in der der Baum wächst, gibt Aufschluss über seine Wachstumsrate und somit über den Abstand der Jahresringe, sofern welche vorhanden sind. An seiner Größe können Sie erkennen, wie viel brauchbares Holz vorhanden ist.

Das Drechseln von Grünholz ist allerdings ein Prozess, der für den Laien nicht ohne weiteres abschätzbar ist. Das Holz trocknet, schrumpft, verformt sich, verändert seine Farbe und reißt. All das kann zu jedem Zeitpunkt vom Fällen bis zum endgültigen Trocknen passieren. Diese Vorkommnisse hängen mit den natürlichen Eigenschaften des Holzes zusammen, und um in diesem Zusammenhang eine Vorhersage machen zu können, muss man den Prozess des Grünholzdrechselns kennen. Ziel dieses Buches ist es, Sie vom Ernten des Baumes bis zum fertigen Produkt durch den Prozess zu führen, Sie zu lehren, mit dem Holz zu arbeiten und Ihnen zu zeigen, wie Sie sich die vielen Eigenschaften und Merkmale zunutze machen können.

ACHTUNG!

- Obwohl Drechseln sicherer ist als viele andere Aktivitäten, bei denen Maschinen eingesetzt werden, birgt jede Arbeit mit einer Maschine Gefahren in sich, sofern keine geeigneten Vorsichtsmaßnahmen getroffen werden.
- Nehmen Sie kein Holz, das sich von der Drehbank lösen kann, und vermeiden Sie fehlerhaftes Holz mit kranken oder losen Ästen, Rissen, Rissen im Inneren des Holzes, loser Rinde usw.
- Vermeiden Sie lose herabhängende Kleidung und offenes Haar, die sich in der Maschine verfangen können. Schützen Sie Ihre Augen und Lunge gegen Staub und fliegende Späne, indem Sie Schutzbrillen, Staubmasken oder ggf. spezielle Schutzvisiere tragen, und investieren Sie ebenfalls in eine wirksame Staubabsaugung.
- Achten Sie auf Sicherheit hinsichtlich der elektrischen Teile der Maschine. Entscheiden Sie sich vor allem nicht für das Nassschleifen oder andere Techniken, bei denen Wasser eingesetzt wird, wenn Ihre Drehbank so ausgelegt ist, dass Wasser mit der Elektrik in Kontakt kommen kann.
- Halten Sie Ihr Werkzeug scharf; stumpfe Werkzeuge sind gefährlich, weil sie mehr Druck erfordern und sich unvorhersehbar verhalten können.
- Es ist gefährlich, eine Kettensäge ohne spezielle Schutzkleidung zu benutzen. Die Teilnahme an einem anerkannten Trainingskurs wird nachdrücklich empfohlen. Denken Sie daran, dass sich die Vorschriften für die Benutzung von Kettensägen von Zeit zu Zeit ändern.*
- Arbeiten Sie nicht, wenn Ihre Konzentrationsfähigkeit durch Medikamente, Drogen, Alkohol oder Müdigkeit beeinträchtigt ist.
- Die Sicherheitshinweise in diesem Buch sollen Ihnen eine Hilfe sein, können aber nicht jede Eventualität verhindern. Der sichere Umgang mit Maschinen und Werkzeugen liegt in der Verantwortung des Benutzers. Wenn Sie mit einer bestimmten Technik oder einem Ablauf nicht zufrieden sind, dann verzichten Sie darauf – es gibt immer einen anderen Weg.

* Anmerkung: In vielen Ländern ist die Teilnahme an solchen Trainingskursen Pflicht, vor allem wenn man wie der Autor selbst Drechselkurse anbietet.

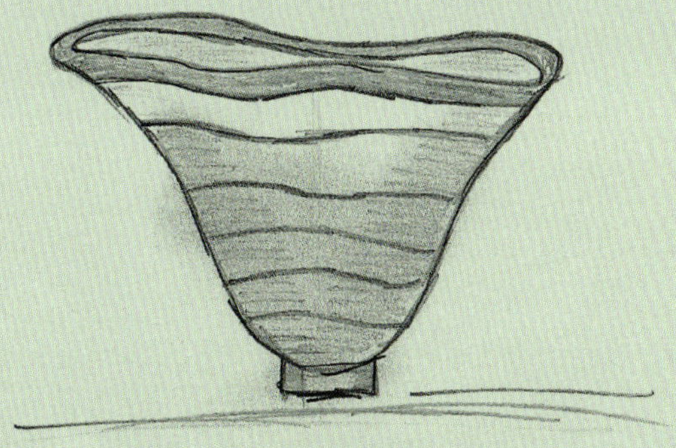

Teil 1

PLANUNG UND VORBEREITUNG

DER BAUM

BÄUME

Die Vielfalt der Bäume ist immens. Es gibt über 20 000 Arten von Harthölzern und etwa 600 Arten von Weichhölzern, die uns Holz, Kork, Gummi, Ahornsirup, Früchte und Tee liefern. Ohne sie wäre unser Lebensstandard nicht so weit entwickelt, und vielleicht könnten wir ohne sie überhaupt nicht existieren, denn sie liefern einen hohen Prozentsatz des für uns lebensnotwendigen Sauerstoffs.

Bäume werden in die beiden Hauptgruppen **Harthölzer** und **Weichhölzer** eingeteilt. Diese Begriffe haben nichts mit der physischen Härte oder Festigkeit des Holzes zu tun, sondern beziehen sich auf die botanischen Unterschiede. Harthölzer haben breite Blätter, sind in der Regel laubabwerfend und haben einen Samen in einer Schale oder Frucht. Weichhölzer sind vorwiegend immer grün, haben nadelartige Blätter und produzieren einen offenen ungeschützten Samen, der sich in der Regel in einem Zapfen befindet.

Obwohl in vielen Ländern mit gemäßigtem Klima Hart- und Weichhölzer gleichermaßen wachsen, unterscheiden sich ihre natürlichen Lebensräume. Weichhölzer sind robust und ziehen kühleres Klima vor, während Harthölzer gemäßigte bis tropische Vegetationsbedingungen vorziehen.

Lebenszyklus

Da Bäume Lebewesen sind, benötigen sie Nahrung zum Gedeihen und Wachsen. Sie haben einen Nahrungszyklus, der damit beginnt, dass Wasser und mineralische Nährstoffe aus dem Boden über die Wurzeln aufgenommen werden und durch das **Splintholz** nach oben zu den Blättern transportiert werden. Hier werden Mineralstoffe und Wasser durch Fotosynthese mit den Sonnenstrahlen und dem Kohlendioxid aus der Luft vermischt und so lösliche Kohlehydrate und Sauerstoff produziert. Der Sauerstoff wird in die Umgebungsluft zurückgegeben, und etwa 90 % des Wassers werden durch Verdunstung freigesetzt. Die zurückbleibenden Kohlehydrate, die in Form von Sucrosezucker die Nährstoffe des Baumes ausmachen, werden dann mit dem verbliebenen Wasser durch die Innenrinde **(äußeres Phloemgewebe)** wieder nach unten transportiert. Diese liefern die Energie für das Leben des Baumes und für die Produktion von neuem Holz in der **Wachstumsschicht oder dem Cambium,** wobei ein Teil davon in den **Markstrahlen** für die spätere Verwendung gelagert wird.

In gemäßigtem Klima vollzieht sich das Wachstum saisonal. Es beginnt im Frühjahr, wenn die neuen Blätter gebildet werden. Das Cambium, das eine Zellschicht zwischen der Rinde und dem Splintholz ist, produziert neues Splintholz auf der Innenseite und neue Rinde auf der Außenseite, und zwar bis zum Ende der Wachstumszeit im Herbst (Abb. 1a). Allerdings gibt es Unterschiede in Struktur und Farbe zwischen dem im Frühjahr gebildeten **Frühholz** und dem im weiteren Verlauf der Vegetationszeit gebildeten **Spätholz.** Dadurch entstehen die charakteristischen **Jahresringe.** Anhand der Breite des Jahresringes lässt sich auf die jeweiligen Wachstumsbedingungen schließen. Trockenperioden sind für geringes oder ausbleibendes Wachstum verantwortlich, während breitere Ringe in größerer Anzahl auf gute Wachstumszeiten hindeuten. Solch jährliche Veränderungen liefern eine Art klimatischen „Fingerabdruck", der bei Bäumen, die unter gleichen Bedingungen wachsen, gleich ist und daher für das Datieren alter Bauwerke aus Holz (die sogenannte **Dendrochronologie**) herangezogen werden kann. Jahresringe sind in Bäumen, die unter tropischen Bedingungen wachsen, weniger sichtbar, weil dort das Wachstum über das ganze Jahr kontinuierlich ist.

Da der Baum wächst, wird nicht das gesamte Holz für den Nahrungstransport benötigt. Aus diesem Grund wird aus dem älteren Splintholz **Kernholz,** das der Lagerung von Abfallprodukten dient. Dieser Prozess wird häufig von einem Farbwechsel im Holz begleitet; das weiße oder cremefarbene Splintholz der meisten Bäume wird zu dunklerem Kernholz.

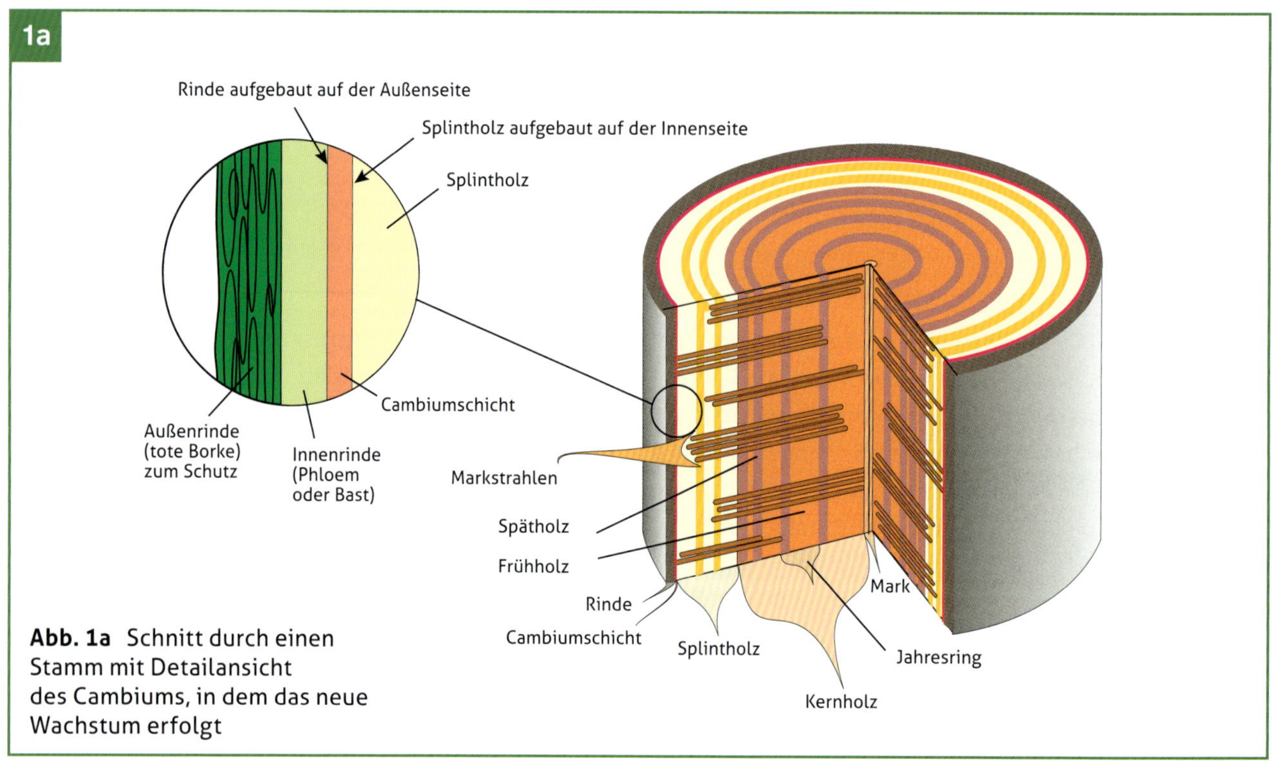

Abb. 1a Schnitt durch einen Stamm mit Detailansicht des Cambiums, in dem das neue Wachstum erfolgt

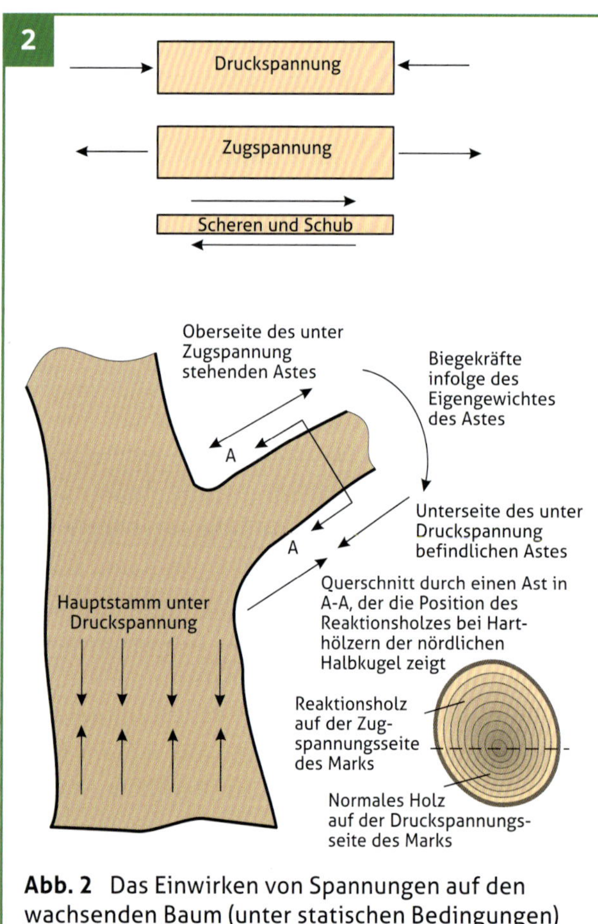

Abb. 2 Das Einwirken von Spannungen auf den wachsenden Baum (unter statischen Bedingungen)

Reaktionsholz

Unter statischen Bedingungen steht der Hauptstamm des Baumes infolge seines Eigengewichtes unter Druckspannung. Es handelt sich hierbei um die normale Spannung, die die Struktur des Baumes aufnehmen kann. Da die Äste nicht vertikal, sondern vom Hauptstamm aus seitwärts gerichtet sind, verursachen sie durch das Biegungsmoment infolge ihres Gewichtes weitere Spannungen. Dadurch steht die Astoberseite unter Zugspannung und die Unterseite unter Druckspannung. Um diese Spannungen aufnehmen zu können, bildet der Baum das sogenannte **Reaktionsholz** (Abb. 2 und 3).

Harthölzer der nördlichen Halbkugel bilden ihr Reaktionsholz auf der Zugspannungsseite des Marks, wodurch die Jahresringe in den Ästen auf der Zugspannungsseite (Oberseite) breiter sind als auf der Druckspannungsseite. Auf der südlichen Halbkugel ist es umgekehrt. Harthölzer bilden das Reaktionsholz auf der Druckspannungsseite des Marks (Astunterseite). Weichhölzer im Vergleich zu Harthölzern produzieren Reaktionsholz dagegen auf der gegenüberliegenden Seite des Marks, und zwar sowohl auf der nördlichen wie auf der südlichen Halbkugel.

Geneigte Bäume unterliegen den gleichen Spannungen wie Äste und bauen ebenfalls Reaktionsholz auf. Selbst in vertikalen Stämmen, die auf einer Seite schwerere Äste haben als auf der anderen, kann man davon ausgehen, dass sie Reaktionsholz enthalten.

Reaktionsholz ist von der Struktur und der chemischen Zusammensetzung her anders als normales Holz und hat ganz andere Eigenschaften. Der Schwund, insbesondere in Längsrichtung kann 20mal stärker sein als in normalem Holz, und die Möglichkeit, es maschinell bearbeiten zu können, ist stark eingeschränkt. Der Faktor Reaktionsholz ist eine der Hautursachen, warum die Holzindustrie Astholz meidet. Doch trotz dieser Eigenschaften können Drechsler Holz mit Reaktionsholz effektiv verwenden.

HOLZ UND FEUCHTIGKEIT

Wenn der Baum wächst, enthält er einen hohen Anteil an Feuchtigkeit, den sogenannten **Saft,** der mehr wiegen kann als das Holz selbst. Diese Feuchtigkeit, die die Mineral- und Nährstoffe enthält, wird durch die Zellstruktur durch den Baum transportiert. Das Standardmaß für den Feuchtigkeitsgehalt im Holz, der **Feuchtegehalt (F),** ist das Verhältnis von Feuchtigkeitsgewicht im Baum zum Gewicht des darrtrockenen Holzes und wird in Prozent ausgedrückt:

$$\frac{\text{Gewicht der Feuchtigkeit im Baum}}{\text{Gewicht des darrtrockenen Baums}} \times 100 = \%\ F$$

oder:

$$\frac{\text{Gew. des Baums – Gew. des darrtrockenen Baums}}{\text{Gewicht des darrtrockenen Baums}} \times 100 = \%\ F$$

Das **darrtrockene Gewicht** ist das Gewicht des Holzes mit einem Feuchtegehalt von Null. Man nennt es das darrtrockene Gewicht, d. h. ein Feuchtegehalt von Null, der durch so lange Trocknung in der Kammer bei 103° C erreicht wird, bis das Gewicht konstant bleibt.

Die Feuchtigkeit wird im Baum auf zwei verschiedene Arten gehalten (Abb. 4). Erstere ist die **ungebundene Feuchtigkeit.** Dabei handelt es sich um die Feuchtigkeit in den Zellen, wie Wasser in einem Eimer. Die zweite ist die **gebundene Feuchtigkeit,** die sich in der Faser der Zellwände befindet. Wenn es keine ungebundene Feuchtigkeit gibt und die Zellwände mit Feuchtigkeit gesättigt sind, spricht man vom **Fasersättigungspunkt.** Der Feuchtegehalt beim Fasersättigungspunkt ist zwar je nach Art unterschiedlich, beträgt jedoch im Durchschnitt 30 %.

Abb. 3 Ahorn von der nördlichen Halbkugel mit außermittigem Mark und starker Reaktionsholzbildung

Das Feuchtigkeitsgleichgewicht (FG)

Sobald der Baum geerntet und abgeschwartet ist und regengeschützt an der Luft liegen bleibt, beginnt er, Feuchtigkeit an die Luft abzugeben und zu trocknen. Die Menge der abgegebenen Feuchtigkeit hängt von den örtlichen Gegebenheiten ab, d. h. von der Temperatur und der **relativen Luftfeuchtigkeit.** Die relative Luftfeuchtigkeit ist das Verhältnis der bei einer bestimmten Temperatur in der Luft aktuell vorhandenen Wassermenge zur maximalen Wassermenge, die sie bei dieser Temperatur halten *könnte*.

Das Holz verliert weiterhin Feuchtigkeit, bis der Feuchtegehalt ein Niveau erreicht, bei dem die Trocknung beendet ist. An diesem Punkt befindet sich das Holz mit der vorherrschenden Temperatur und relativen Luftfeuchtigkeit im Gleichgewicht. Diesen Zustand nennt man **Feuchtigkeitsgleichgewicht (FG).** Jedes Holz hat je nach vorgegebener Temperatur und Feuchtigkeitslevel ein anderes FG. Bei einer relativen Luftfeuchtigkeit von 90 % und einer Temperatur von 21° C beträgt das durchschnittliche FG eines durchschnittlichen Holzes 20 % Feuchtegehalt. Bei 60 % relativer Luftfeuchtigkeit und 21° C beträgt das durchschnittliche FG 12,5 %. Der Vorgang des Lufttrocknens hängt von der relativen Luftfeuchtigkeit und der Lufttemperatur ab.

Umgekehrt nimmt ein sehr trockenes Stück Holz mit einem Feuchtegehalt unterhalb des FG Feuchtigkeit aus der Luft auf, bis das FG erreicht ist. Diese beiden Situationen sind in Abb. 4 dargestellt. Die Auswirkung der Feuchtigkeit auf das FG ist in Abb. 5 dargestellt. Im Vergleich ist die Auswirkung der Temperatur auf das FG gering. Das FG verändert sich ab 21° C lediglich um etwa 1 % pro Veränderung um 14° C.

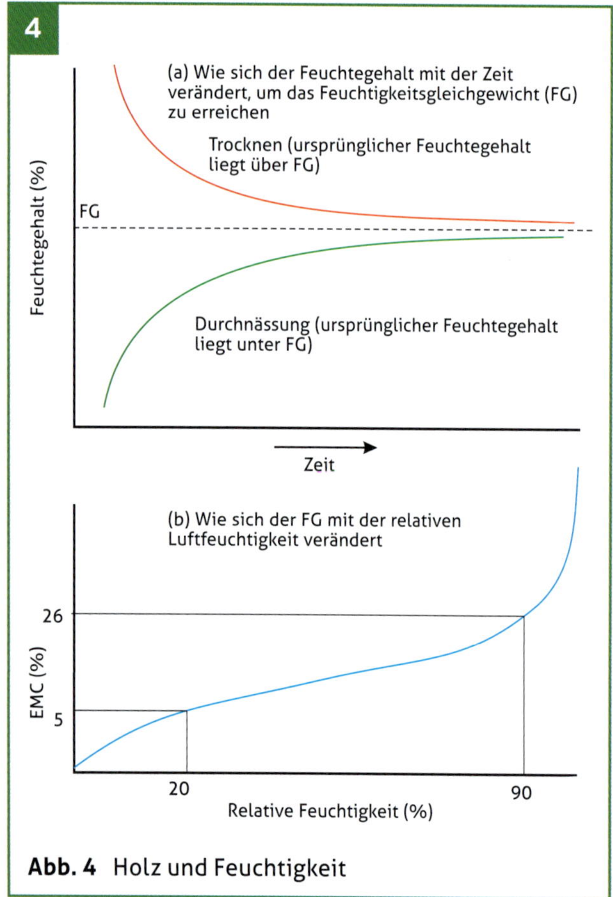

Abb. 4 Holz und Feuchtigkeit

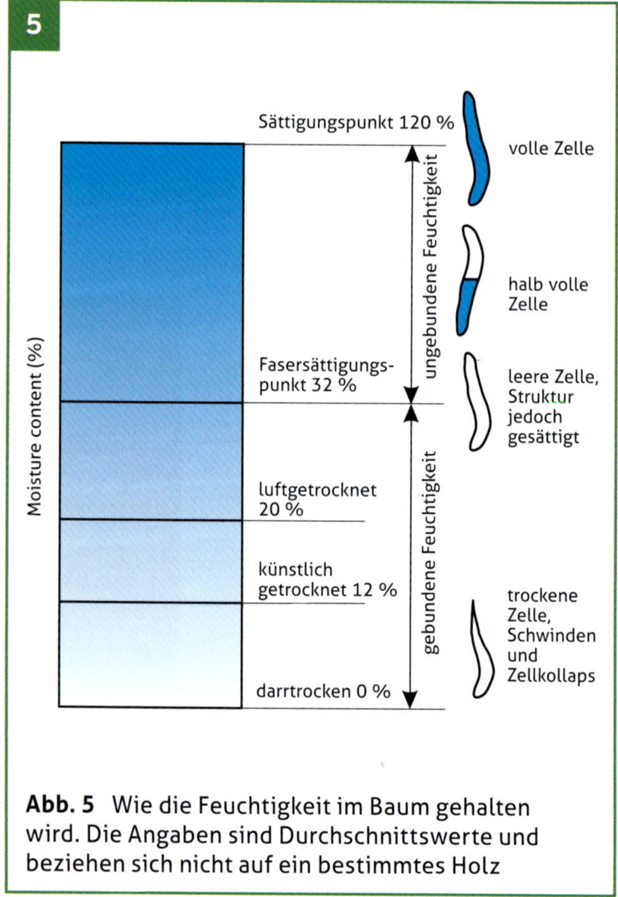

Abb. 5 Wie die Feuchtigkeit im Baum gehalten wird. Die Angaben sind Durchschnittswerte und beziehen sich nicht auf ein bestimmtes Holz

Schwund

Der Feuchtigkeitsverlust des gefällten Baumes auf ein Niveau unterhalb des Fasersättigungspunktes lässt das Holz schwinden. Wenn wir uns das vereinfachte Modell einer „durchschnittlichen" Baumstruktur ansehen, können wir feststellen, wie die einzelnen Zellen schwinden und welche Auswirkung dieser Prozess auf die gesamte Struktur hat.

Die einzelne Zelle schwindet, wenn sie trocknet (Abb. 6a). Im Durchschnitt schwindet der Durchmesser um 8 %, während die Länge gleich bleibt. Wenn sämtliche Zellen im Baum längsgerichtet wären, wäre der Schwund im gesamten Baum der gleiche wie der in den einzelnen Zellen, nämlich Durchmesser und Umfang 8 % sowie Länge 0 %, und der Baum wäre ohne innere Spannungen im Gleichgewicht (Abb. 6b). In der Natur liegen jedoch einige Zellen vom Mark aus in Radialrichtung (Markstrahlen) und das erschwert den Schwund des Baumes (Abb. 6c). Der Schwund um den Umfang des Baumes würde wie der Schwund des Zellumfangs 8 % betragen. In Radialrichtung stoßen der Schwund in Längsrichtung der radialen Zellen und der Schwund des Durchmessers der vertikalen Zellen aufeinander. Der sich daraus ergebende Schwund von 4 % erfolgt in radialer Richtung. Obgleich der Schwund des Umfangs im Gleichgewicht ist, entstehen zwischen den vertikalen und radialen Zellen in Radialrichtung innere Spannungen. Die Auswirkung der Strahlen auf den Schwund in Längsrichtung ist sehr gering (bis 0,1 %). Sie verursachen jedoch auch innere Spannungen in Längsrichtung (Abb. 6d).

Standardmäßiger Schwund wird gemessen in Länge, Radius und Umfang vom Fasersättigungspunkt des Holzes zur
(a) darrtrockenen Situation von 0 % Feuchtegehalt (das allgemeine wissenschaftliche Standardmaß)
oder
(b) zu 12 % Feuchtegehalt (vom britischen *Building Research Establishment* als gegebene Größe für den unteren Feuchtegehalt verwendet).

Tabelle 1 enthält Angaben zum Schwund einiger Baumarten. Merken Sie sich:

- **Der Schwund in Längsrichtung** ist der Schwund entlang der Faser. Mit durchschnittlich etwa 0,1 % ist er sehr gering und wird in diesem Buch als vernachlässigbar angesehen.
- **Der Schwund in Radialrichtung** ist der Schwund entlang radialer Bahnen aus dem Mark heraus. Er ist wesentlich stärker und beträgt im Durchschnitt 4 %.
- **Der Schwund des Umfangs (oder in Tangentialrichtung)** ist der Schwund um die Jahresringe herum. Mit einem Durchschnittswert von 8 % ist er der stärkste Schwund.
- **Das Verhältnis** von Schwund in Radialrichtung und in Tangentialrichtung beträgt im Durchschnitt 2:1.

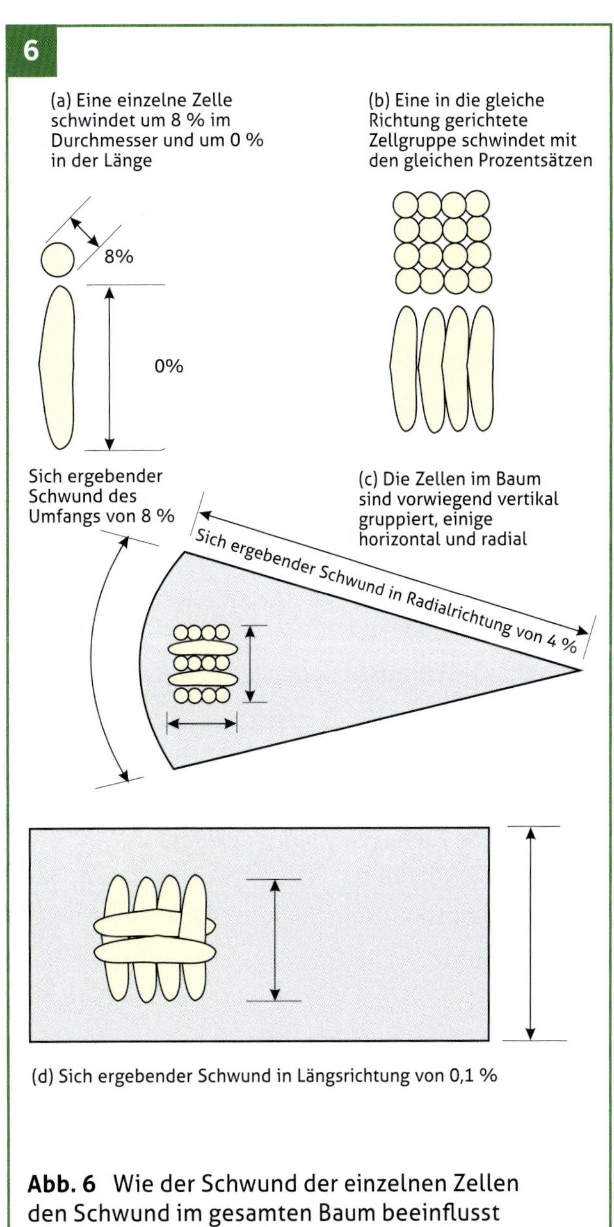

Abb. 6 Wie der Schwund der einzelnen Zellen den Schwund im gesamten Baum beeinflusst

Tabelle 1: Durchschnittsschwundwerte, Fasersättigungspunkt bis 0 % F (darrtrocken) und 12 % F

Holz	Schwund					
	FSP bis 12 % F			FSP bis darrtrocken		
	Radial (%)	Umfang (%)	Verhältnis	Radial (%)	Umfang (%)	Verhält
Harthölzer						
Esche, europäische *Fraxinus excelsior*	4,5	7,0	1,55			
Birke, europäische *Betula pubescens und B. pendula (syn. verrucosa)*	5,0	8,0	1,6			
Schwarzholzakazie, austral. *Acacia melanoxylon*	5,0					
Kirsche, europäische *Prunus avium*	3,5	6,5	1,9			
Blütenhartriegel *Cornus florida*				7,4	11,8	1,6
Ulme, englische und niederländische *Ulmus procera und U. hollandica*	4,5	6,5				
Felsenulme *U. racemosa*				4,8	8,1	1,7
Stechpalme, amerikanische *Ilex opaca*				4,8	9,9	2,1
Stechpalme, europäische *I. aquifolium*	5,0	12,0	2,4			
Jarrah *Eucalyptus marginata*	5,0	8,0	1,6			
Karri *Eucalyptus diversicolor*	5,0	10,0	2,6			
Madrone, pazifischer *Arbutus menziesii*				5,6	12,4	2,2
Rotahorn *Acer rubrum*				4,0	8,2	2,1
Felsenahorn (echter Zuckerahorn) *A. saccharum*	2,5	5,0	2,0			
Weißeiche, amerikanische *Quercus alba, Q. prinus, Q. lyrata, Q. michauxii*	3,0	5,5	1,85	5,6	10,5	1,85
Eiche, europäische *Q. robur (syn. pedunculata), Q. petraea (syn. sessiliflora)*	4,0	7,5	1,9			
Amarant *Peltogyne spp.*	2,0	4,5	2,25			
Queensland-Walnuss *Flindersia brayleyana, F. pimentliana*	4,0	6,5	1,6			
Silberbuche *Nothofagus menziesii*	3,0	6,0	2,0			
Bergahorn, europäischer *Acer pseudoplatanus*	2,5	5,5	2,2			
Tasmanische Eiche *Eucalyptus delegatenis, E. obliqua, E. regnans*	5,0	10,0	2,0			
Walnuss, amerikanische *Juglans nigra*	2,5	3,5	1,4	5,5	7,8	1,4
Walnuss, europäische *J. regia*	3,0	5,5	1,8			
Weichhölzer						
Kauri, Queensland *Agathis robusta, A. palmerstonii, A. microstachya*	2,2	3,5	1,6			
Kiefer, Monterey *Pinus radiata (syn. insignis)*	2,5	4,0	1,6			
Eibe, *Taxus baccata*	2,0	3,5	1,75			

Quellen

Dept of the Environment, Handbook of Hardwoods, Handbook of Softwoods; Hoadley, Understanding Wood (siehe Literatur verzeichnis S. 128)

Die in der Tabelle angegebenen Schwundwerte gelten für das „normale" Kernholz der genannten Baumarten.

In anderen Teilen des Baumes vollzieht sich der Schwund oft ganz anders. Splintholz schwindet mehr als Kernholz, insbesondere dort, wo es einen Farbunterschied gibt. Junges Holz, d. h. das Holz innerhalb der ersten Jahresringe um das Mark herum, schwindet weniger als der Rest des Kernholzes. Das sieht man in Stücken, die Mark enthalten. Reaktionsholz unterscheidet sich von der Struktur her sehr von normalem Holz und neigt dazu, stärker auf das Trocknen zu reagieren. Zum Beispiel kann ein Schwund in Längsrichtung bis 2 % betragen, das entspricht 20mal dem „normalen" Wert. Geformtes Holz aus Gabelungen, Maserknollen usw. schwindet ebenfalls anders.

Verziehen

Das Verziehen beim Trocknen ist bei jedem Holz unvermeidbar, weil die Schwundprozesse in jede Richtung anders ablaufen. Das sieht man, wenn man die Formveränderung an einem durchschnittlichen geradfaserigen Stamm im Fasersättigungspunkt betrachtet, der durch das Mark halbiert und dann langsam und gleichmäßig auf Darrtrockenheit getrocknet wurde (Abb. 7). Die Länge schwindet um kaum feststellbare 0,1 %. Der Radius schwindet um 4 %, während der Umfang um 8 % schwindet. Dadurch bewegen sich die beiden Flächen links und rechts des Marks (3:00 Uhr und 9:00 Uhr) in Richtung 12:00 Uhr.

Wird das Holz als nicht angeschnittenes Rundholz getrocknet, ist das Ausmaß des möglichen Schwunds des Umfangs auf den gleichen Prozentsatz beschränkt wie der Schwund in Radialrichtung, und das verursacht starke innere Spannungen (Abb. 8a). Wird derselbe Stamm längs bis zum Mark geschnitten und dann getrocknet, kann der Umfang bei geringeren inneren Spannungen vollkommen schwinden (Abb. 8b).

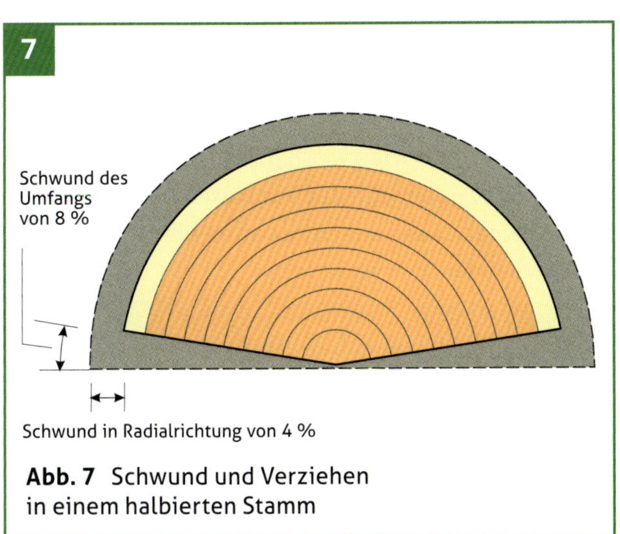

Abb. 7 Schwund und Verziehen in einem halbierten Stamm

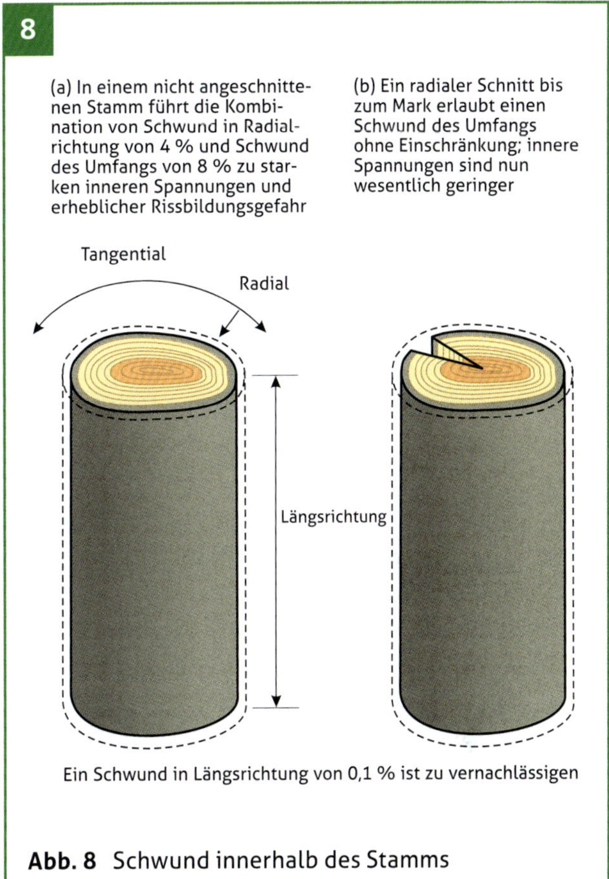

Abb. 8 Schwund innerhalb des Stamms

Spannung und Rissbildung

Wird das Holz schnell und ungleichmäßig getrocknet, entstehen während des Trocknungsprozesses zusätzliche Spannungen. Die trocknenden äußeren Teile möchten schwinden, während dies bei den nassen inneren Teilen nicht der Fall ist. Zum Beispiel trocknet die Feuchtigkeit am geschnittenen Stammende sehr schnell, während die Mitte unverändert bleibt. Starke Spannungen innerhalb des Holzes können entweder Rissbildung an der Holzoberfläche verursachen oder innere Zellschäden, die die Festigkeit des Holzes verringern und es spröde machen. Sorgfältige Lagerung und kontrolliertes Trocknen verringern solche Probleme.

SCHALEN IM BAUM

MASERUNG

So wie der Baum vor uns steht, kann man ihn sich so vorstellen, als würde er voller Schalen und Gefäße stecken, in allen erdenklichen Formen, Größen, Farben und Maserungen, die nur darauf warten, herausgearbeitet zu werden (Abb. 1). Schneiden Sie ein Stück Holz vom Baum ab, schneiden Sie sämtliches Holz weg, das nicht zur Schale gehört, und schon haben Sie das gewünschte Gefäß. Doch welche der möglichen Schalen haben Sie bekommen, und ist es die, die Sie wollten? Mit etwas Aufmerksamkeit und Planung können Sie exakt das bekommen, was Sie wollen. Wenn Sie die richtige Maserung, den richtigen Farbkontrast und die richtigen Kantenformen wählen, sehen Sie den Unterschied zwischen einer Durchschnittsschale und einem ganz besonderen Stück.

Die Faserstruktur und die Jahresringe des Baums geben dem Holz eine seiner liebenswertesten Eigenschaften, seine Maserung. Schalen haben die ideale Form, um das Schönheitspotential einer Maserung herauszuarbeiten, die je nachdem, wie die Schale im Baum liegt, auf eine andere Weise herauskommt. Das Bild einer Maserung vorausbestimmen zu können, ist grundlegend für das erfolgreiche Schalen-Design.

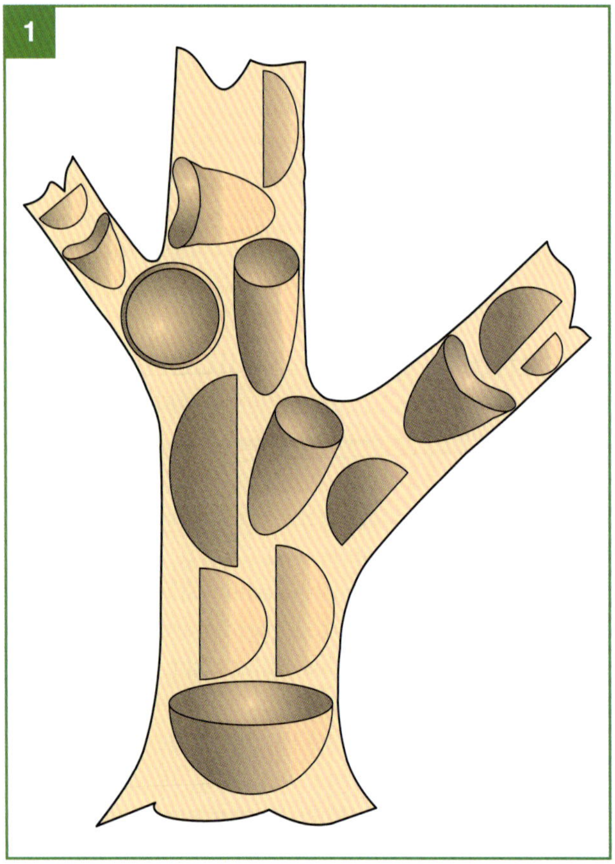

Querholzschalen

Bei solchen Schalen verläuft die Maserung parallel zum Boden von einer Seite quer über die Schale zur anderen. Diese Faserausrichtung hat in den meisten Teilen Europas, Amerikas und Australiens Tradition.

Wie Sie sehen, habe ich in Abb. 2 auf dem Stammende zwei Schalen eingezeichnet. Sie sind von der Form, der Höhe und vom Durchmesser her gleich, jedoch anders positioniert. Der Boden von Schale A liegt nahe am Mark, während es bei Schale B der Rand ist, der in der Nähe des Marks liegt. Obwohl sie von denselben Jahresringen durchzogen werden, sind ihre Maserungen unterschiedlich. Schale A hat von der Mitte ausstrahlende, konzentrische, ovale Formen, während Schale B am Rand und entfernt vom Rand vom Mark ausstrahlende, halbkreisförmige Maserungen hat. In der Draufsicht sehen diese wie zwei halbkreisförmige Bereiche aus mit einer unterschiedlichen Maserung in der Mitte, wo die beiden Maserungen zusammenlaufen, was sich mit der Schalentiefe verändert.

1

Abb. 1 Schalen im Baum: Maserung, Farbe und endgültige Schalenform werden durch ihre Lage und Ausrichtung innerhalb des Baums bestimmt

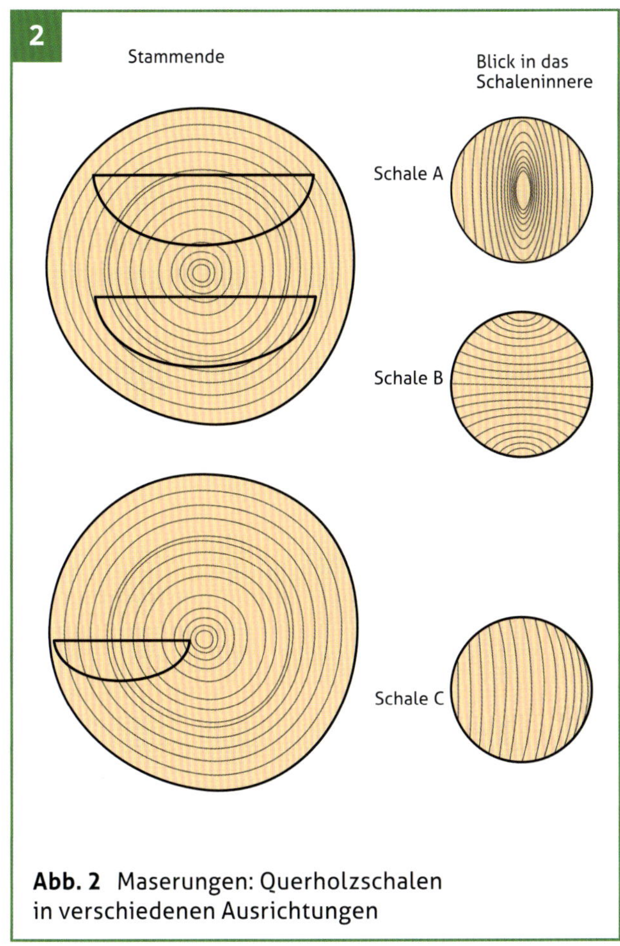

Abb. 2 Maserungen: Querholzschalen in verschiedenen Ausrichtungen

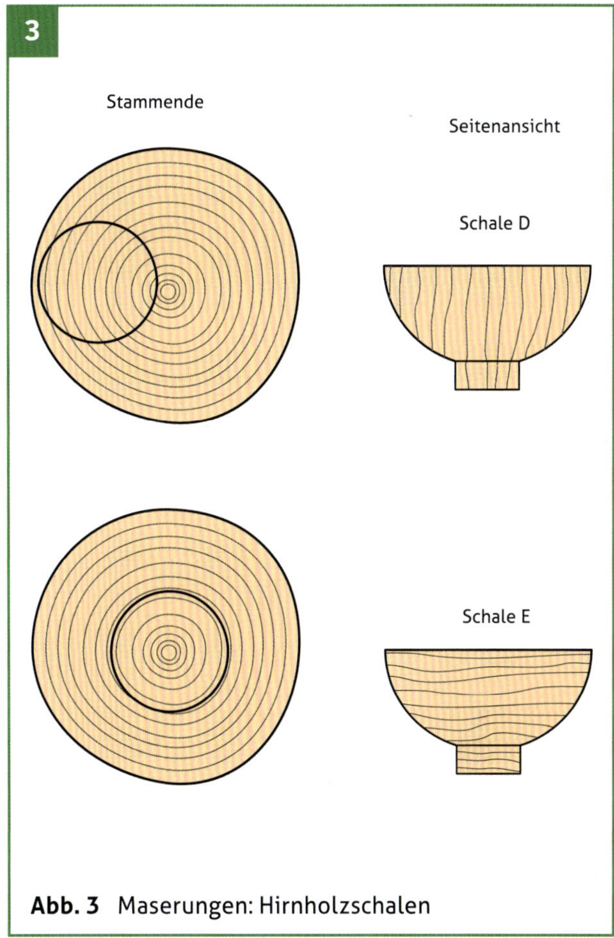

Abb. 3 Maserungen: Hirnholzschalen

Schale C weist eine dritte Maserung auf. Ein Blick in die Schale zeigt, dass die Bahnen der Faser fast gerade sind und nur eine sehr schwache Biegung vom Mark weg aufweisen.

Die oben beschriebenen drei Schalen weisen die drei Grundmaserungen auf, die bei der Herstellung von Querholzschalen aus einem geradfaserigen Stamm vorkommen. Auf dieser Grundlage kann die Maserung jeder anderen Querholzschale vorausbestimmt werden.

Hirnholzschalen

Hirnholzschalen liegen aufrecht so wie der Baum wächst, so dass die Faser sie vertikal durchzieht. Schalen dieser Art haben in Skandinavien Tradition, wo Weichhölzer und Harthölzer aus kleinen Laubbaumarten, wie Birke, das am meisten verbreitete Rohmaterial sind. Wenn man mit dem Hirnholz arbeitet, sind Schalen, die so groß wie der Baumstamm sind, bequem herzustellen.

In Abb. 3 habe ich auf dem Ende des Stammes zwei Hirnholzschalen in den Baum eingezeichnet. Schale D liegt außermittig vom Mark, Schale E wurde auf die Mitte des Marks gesetzt. Schaut man in Schale D hinein, sieht man geschwungene Linien, deren Radius kleiner wird, je näher sie sich am Mark befinden. Beim Blick in die zweite Schale, bei der das Mark in der Mitte liegt, erkennt man die Jahresringe, wie sie im Baum liegen. Jede Hirnholzschale hat eine Maserung, die in irgendeiner Weise die Kombination aus den beiden oben beschriebenen ist.

Hiermit liegen uns fünf Grundmaserungen für Quer- und Hirnholzschalen vor, auf deren Grundlage die Maserung jeder anderen Schale in einem geraden und geradfaserigen Stamm unabhängig von ihrer Ausrichtung im Baum vorausbestimmt werden kann.

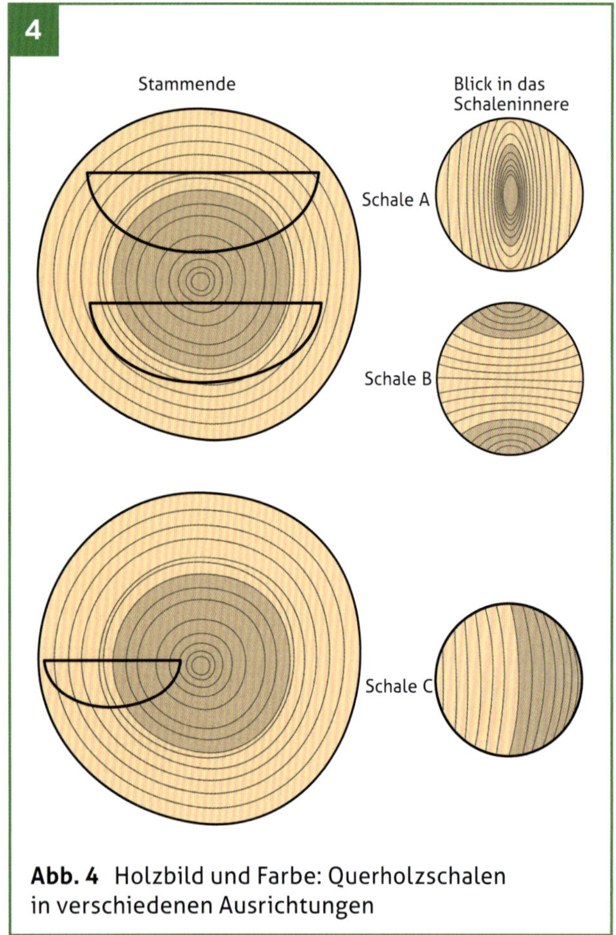

Abb. 4 Holzbild und Farbe: Querholzschalen in verschiedenen Ausrichtungen

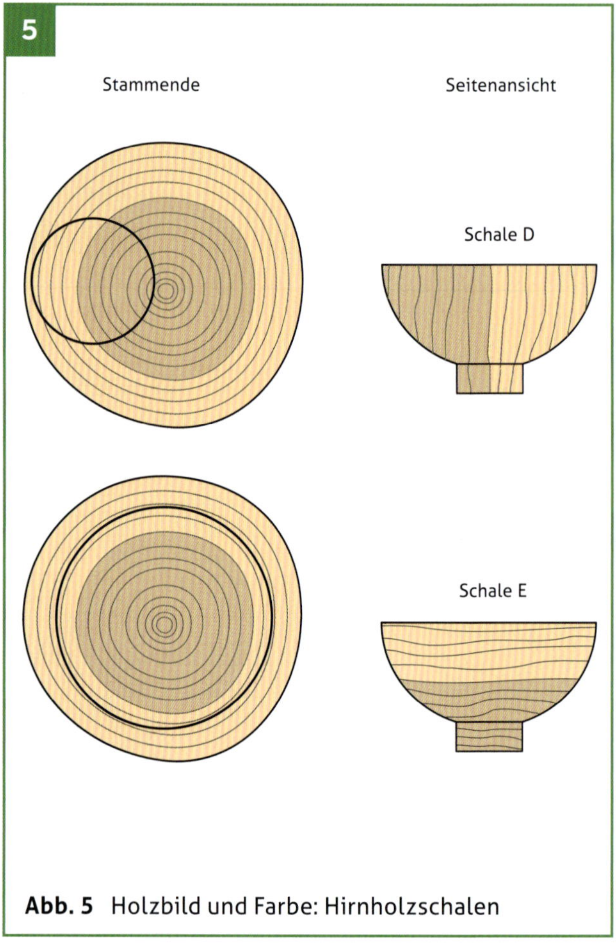

Abb. 5 Holzbild und Farbe: Hirnholzschalen

HOLZBILD UND FARBE

Neben ihren Maserungen haben viele Bäume ein prächtiges dunkles und unterschiedlich gefärbtes Kernholz, das von kontrastierendem cremeweißem Splintholz umgeben ist. Dieser Kontrast bietet zusätzliche Möglichkeiten für das Schalendesign.

Betrachten wir den ersten Stamm, aus dem wir die Schalen A und B geschnitten haben. Wenn wir die Farbe des Kernholzes einzeichnen, können wir den Kernholzbereich auf die Draufsichten der Schalen übertragen und sehen, wo er liegt (Abb. 4). Bei Schale A befindet sich das Kernholz an einer ovalen Stelle am Boden. Ein größerer Kernholzbereich würde einen gewellten Splintholzrand am Schalenrand hinterlassen. Bei Schale B erscheint das Kernholz an halbkreisförmigen Stellen zu beiden Seiten der Schale. Ist die Schalenform fast konzentrisch mit den Jahresringen, wird das Splintholz mit Ausdehnung des Kernholzbereichs zu einem Streifen durch die Schalenmitte, was sehr attraktiv ist. Schale C hat durch eine gerade Linie in der Mitte getrenntes, zur Hälfte dunkles Kernholz und helles Splintholz. Je nachdem wie viel Kernholz vorhanden ist, könnte die Hirnholzschale D entweder ganz aus Splintholz bestehen oder durch einen der Jahresringe vertikal getrennt zum Teil aus Splintholz und zum Teil aus Kernholz bestehen (Abb. 5). Bei Schale E liegt der Kernholzbereich am Boden, und die Seiten sind aus Splintholz.

Durch das Einzeichnen einiger Schalen auf dem Stammende können wir festlegen, welche Schale welche Maserung und welche Farbe haben soll. Dieses ist ein wichtiger Schritt im Designprozess. Zum Abschluss dieses Abschnitts habe ich auf dem Ende eines Tulpenbaumstammes, dem ersten Baum, den ich als Ganzes gekauft habe, meine Lieblingsschale aus den frühen 1980er-Jahren aufgezeichnet (Abb. 6). Abb. 7 zeigt ein fertiges Stück mit einem Rand aus Splintholz und dem Korpus aus Kernholz.

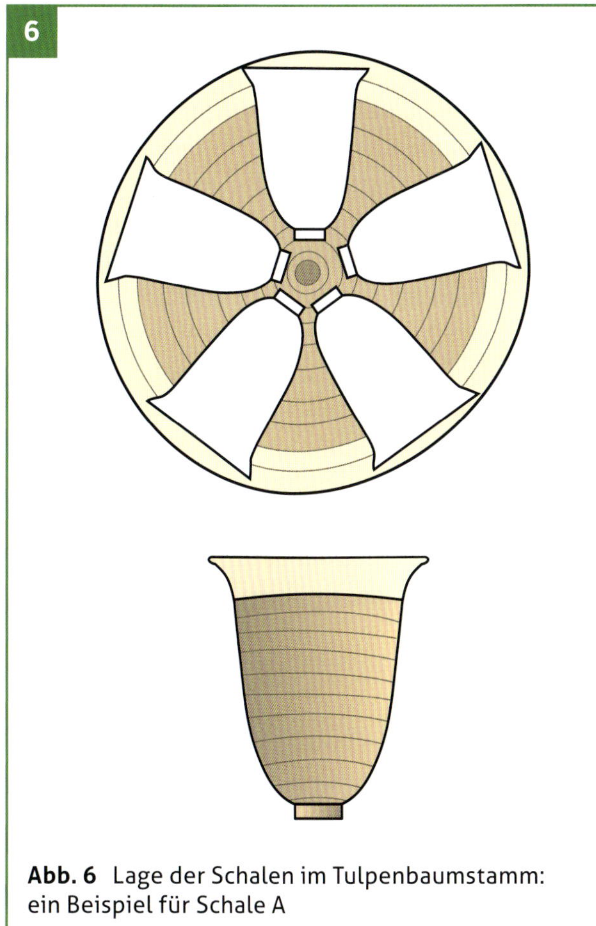

Abb. 6 Lage der Schalen im Tulpenbaumstamm: ein Beispiel für Schale A

Abb. 7 Eines der in Abb. 2.6 dargestellten Gefäße aus Tulpenbaum

FASERVERLAUF

Neben den regelmäßigen Jahresringen gibt es einen anderen interessanten Aspekt des Holzbildes, den sogenannten **Faserverlauf,** zu erkunden. Damit bezeichnet man die unterschiedlichen Arten von unregelmäßigen Faserrichtungen, die Teil des natürlichen Wachstumsprozesses sind.

Zwiesel

Im Bereich eines Zwiesels zwischen Hauptstamm und Ast sind spektakuläre Faserverläufe vorzufinden. Der gesamte Faserverlauf liegt zwischen dem Mark des Stammes und dem des Astes in einem grob konisch geformten Bereich und läuft auf einen Punkt zu, in dem die beiden Markbereiche zusammentreffen. Ausfedernde Abschnitte, deren Ausdehnung in der Regel auf der Rinde sichtbar sind, laufen radial auf die Oberfläche zu. Diese äußeren Anzeichen sind auf glattrindigen Bäumen

Abb. 8 Äußere Anzeichen auf der Rinde, die auf Zwiesel hindeuten

deutlicher sichtbar (Abb. 8). Die Länge des Faserverlaufs hängt ab vom Winkel des Astes zum Baum (Abb. 9). Bei rechtwinklig zum Stamm wachsenden Ästen ist der Faserverlauf kurz. Je kleiner der Winkel, desto länger der Faserverlauf. Beträgt der Winkel weniger als 30° ist mit starkem Rindeneinschluss zu rechnen, der die Menge des verwendbaren Faserverlaufs verringert. Dies ist allerdings an der Oberfläche erkennbar.

Schon ab dem entscheidenden Punkt des Erntens des Baumes ist sorgfältige Planung erforderlich, um den Faserverlauf bestmöglich ausschöpfen zu können. Bei kleinen Bäumen, d. h. mit einem Durchmesser von bis zu 150 mm, ist der Anteil des Faserverlaufs so gering, dass es nicht die Mühe lohnt, und bei Bäumen mit einem Durchmesser von über 510 mm ist der Faserverlauf aufgrund der Größe und des Gewichts des Baumes schwer zu handhaben. Stämme mit einem Durchmesser zwischen 250 und 380 mm sind leichter handhabbar und eignen sich daher gut für den Anfang. Bei einem Baum dieser Größe ist es besser, eine gute Schale aus dem Zwieselbereich zu bekommen statt zwei mittelmäßige, da andernfalls ein hoher Anteil des Faserverlaufs durch die Kettensäge verlorengeht.

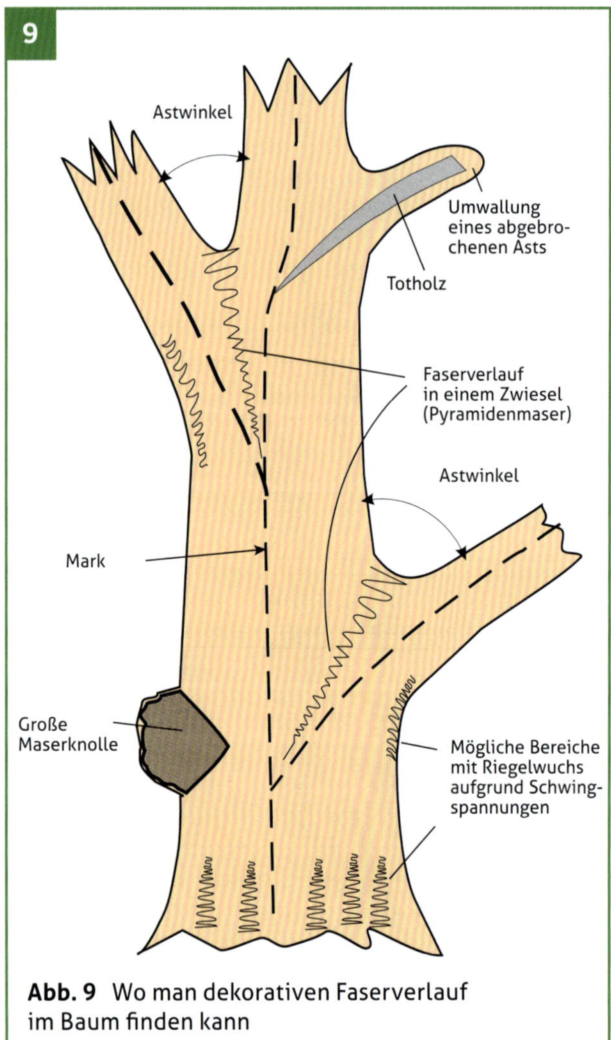

Abb. 9 Wo man dekorativen Faserverlauf im Baum finden kann

Unterschiedliche Schalenausrichtungen im Zwiesel führen jeweils zu einem anderen Endprodukt. In Abb. 10 haben wir in den Fällen F und G zwei Möglichkeiten für eine Querholzschale. H ist ein Beispiel für ein kleines Hirnholzgefäß mit schönem Faserverlauf, und Schale I ist eine Schale mit Zwieselholz und einem interessanten Naturrand mit grobem und feinem Faserverlauf der Rinde. Sie liegt nahe am oberen Ende des Zwiesels, so dass oben genügend Dicke für die Ausbildung der Form vorhanden ist. Aufgrund der Form des Zwiesels ist die Naturrandschale besonders spannend.

Riegel

Riegel kommen bei bestimmten Baumarten, wie Esche und Ahorn vor. Riegelahorn ist bei Geigenbauern für die Geigenböden sehr begehrt. Beim Riegelbild spricht man auch von Riegelwuchs.

Bei einem Durchschnittsbaum sind Riegel mitunter dort festzustellen, wo es in der Nähe eines starren Bereichs zu Bewegungen kommt, wie zum Beispiel im unteren Stammbereich in Bodennähe oder dort, wo ein Ast aus dem Hauptstamm wächst (Abb. 9). Es handelt sich um die Reaktion des Baums auf Bewegung. Das Wiegen des Baums oder Astes im Wind verursacht welligen, federartigen Faserverlauf, der flexibel ist.

Maserknollen

Eine Maserknolle wächst auf einer Seite des Baumes und ist voller Knospenaugen. Diese Wuchsart ist die Reaktion des Baumes auf Reizungen unterhalb der Rinde. Verglichen mit dem normalen Wachstum des Baumes ist dieses Wachstum unregelmäßig, jedoch innerhalb der Maserknolle regelmäßig (Abb. 11 und 12). Die Maserknolle sieht wie eine große Ausbuchtung auf einer Seite des Baumes aus. Sie dehnt sich allerdings auch in den Baum aus, wo sie durch das Wachstum des Baumes eingeschlossen wird. Da keine bestimmte Faserrichtung vorherrscht, können die Schalen innerhalb der Maserknolle überall liegen. Aufgrund der unregelmäßigen Oberfläche können wunderschöne natürliche

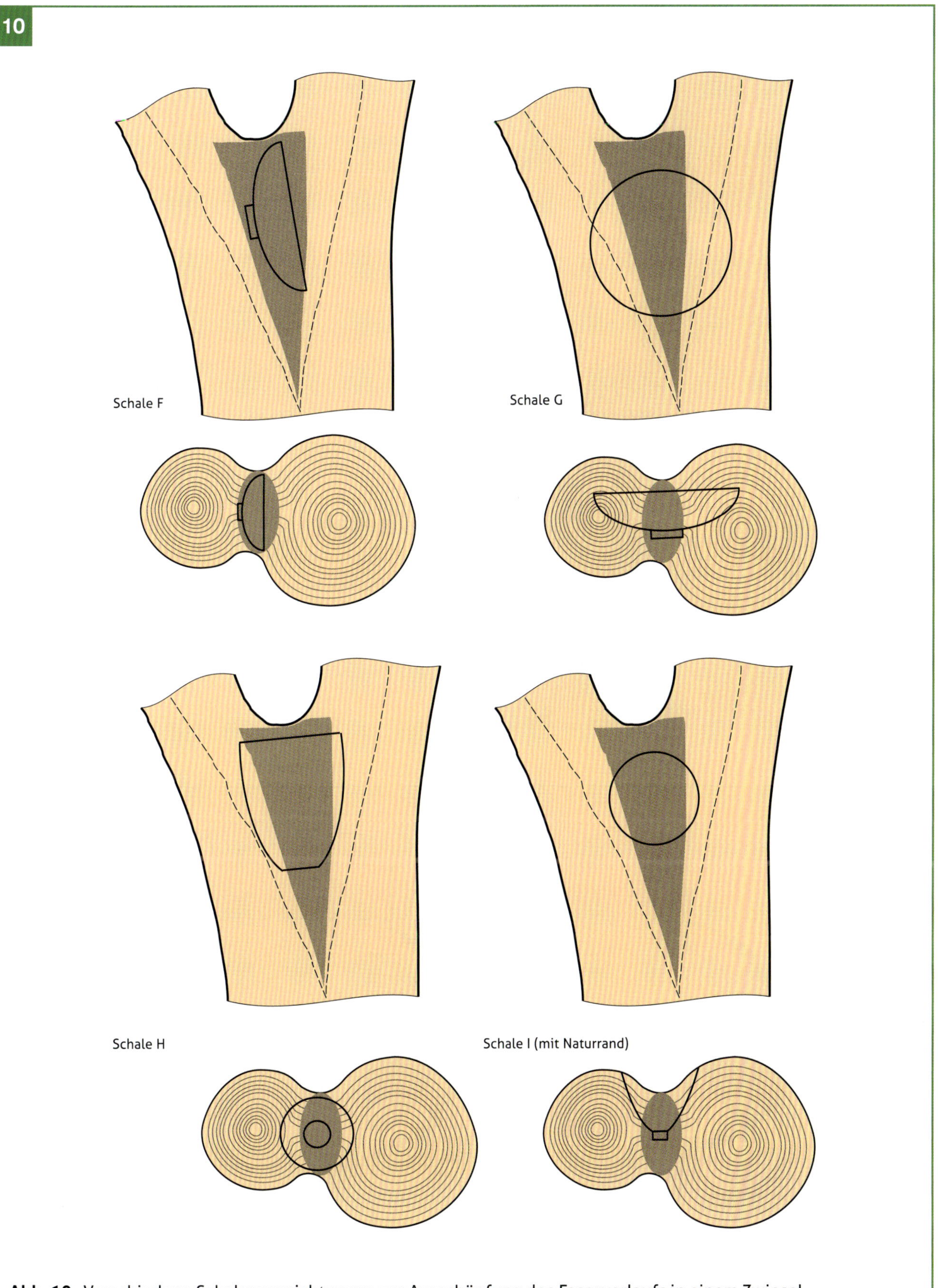

Abb. 10 Verschiedene Schalenausrichtungen zur Ausschöpfung des Faserverlaufs in einem Zwiesel

Ränder entstehen. Ab einer gewissen Größe können Maserknollen von einem lebenden Baum abgenommen werden, indem sie nahe am Hauptstamm abgeschnitten werden (Abb. 13). Dabei ist darauf zu achten, dass die Rinde nicht beschädigt wird.

Maserknollen sind jede Art von Wachstum auf einer Seite des Baumes. Dazu zählt auch das Umwallen einer Oberflächenbeschädigung oder eines abgebrochenen oder toten Asts (Abb. 14–16; siehe auch Abb. 9 auf Seite 22). Bei umwallten toten Ästen kann man das tote Innere herausdrehen und das Äußere behalten oder auch das Äußere drechseln, um die interessante Maserung hervorzuheben. In vielen Fällen geht es darum, die Maserknolle zu untersuchen, dann eine qualifizierte Annahme zu treffen, wie sie innen aussieht, und dann zur Tat zu schreiten.

Pilzbefall

Pilzbefall hinterlässt in einigen Hölzern beim Verfaulen des Holzes dekorative Muster (Abb. 17). Diese Effekte sind in wenig gemaserten Hölzern augenfällig, deren Splintholz sich farblich kaum oder gar nicht vom Kernholz unterscheidet. Das gilt z. B. für Buchenholz, in

Abb. 11 Große Maserknollen auf einem Ulmenstamm

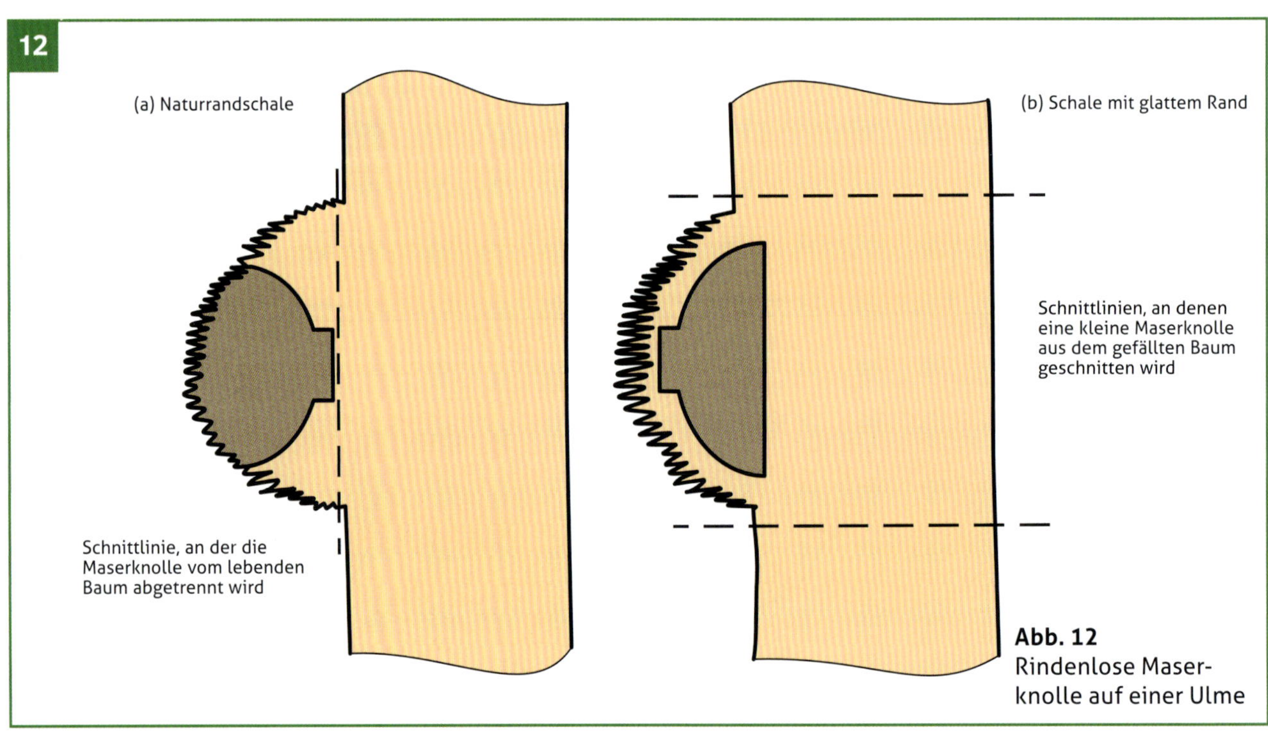

Abb. 12 Rindenlose Maserknolle auf einer Ulme

Abb. 13
Rindenlose Maserknolle auf einer Ulme

Abb. 14
Ahorn mit Umwallung eines abgebrochenen Asts

Abb. 15
Innenansicht einer ähnlichen Umwallung

Abb. 16 Querholzschale mit Naturrand aus Tulpenbaum mit Umwallung als Blickfang

Abb. 17
Querholzschale in Taubenform aus pilzbefallener Buche

dem Pilzbefall wunderschöne Muster von in sich verschlungenen, feinen schwarzen Linien entstehen lässt. Solches Holz ist sehr begehrt und kann beim Kauf vom Holzhändler teurer sein als künstlich getrocknete Tropenhölzer. Während Pilzbefall in Ahorn diffusere Muster hinterlässt, ist Stechpalme spektakulär, was die Farbpalette anbelangt, die von schwachem Orange bis hin zu stellenweise dunklem Purpurrot reicht.

Vielleicht haben Sie Glück und finden einen von Pilz befallenen Stamm, den Sie mit nach Hause nehmen und drechseln können. Alternativ haben Sie zwei Möglichkeiten, Pilzbefall in frischem Holz zu provozieren. Sie können entweder frische Stämme einige Monate feucht und vorzugsweise warm lagern und dann prüfen, wie sich der Pilz entwickelt. Oder Sie können einige Schalen aus frischen Stämmen vordrechseln und diese dann in feuchten Holzspänen drei bis sechs Monate lang lagern. Da die Schalen nass gehalten werden, werden sie nicht schwinden oder sich verziehen; folglich kann die Außenseite bis etwa auf die fertige Größe gebracht werden. Wenn die Schalenmitte massiv gelassen wird, erhält man eine Schale mit Pilzbefall auf der Außenseite und frischem Holz auf der Innenseite. In der oben beschriebenen Weise gelagerte Schalen haben oft einen hohen Feuchtegehalt, der sogar über dem Anfangsfeuchtegehalt liegen kann, und lassen sich leicht drechseln.

Ich lagere ein etwa 305 mm langes Stück Stechpalmenstamm von 230 mm Durchmesser in einem (durchlöcherten) Plastiksack zusammen mit nassen Holzspänen. Die Hirnseite ist bereits tiefschwarz. Nun warte ich auf eine Eingebung, um daraus eine Schale zu drechseln.

Durch derartiges Experimentieren können Sie aus einfachem, billigem Holz Ihre eigenen Tropenhölzer kreieren. Und es macht Spaß. Ich nenne das „kontrollierte Fäulnis“.

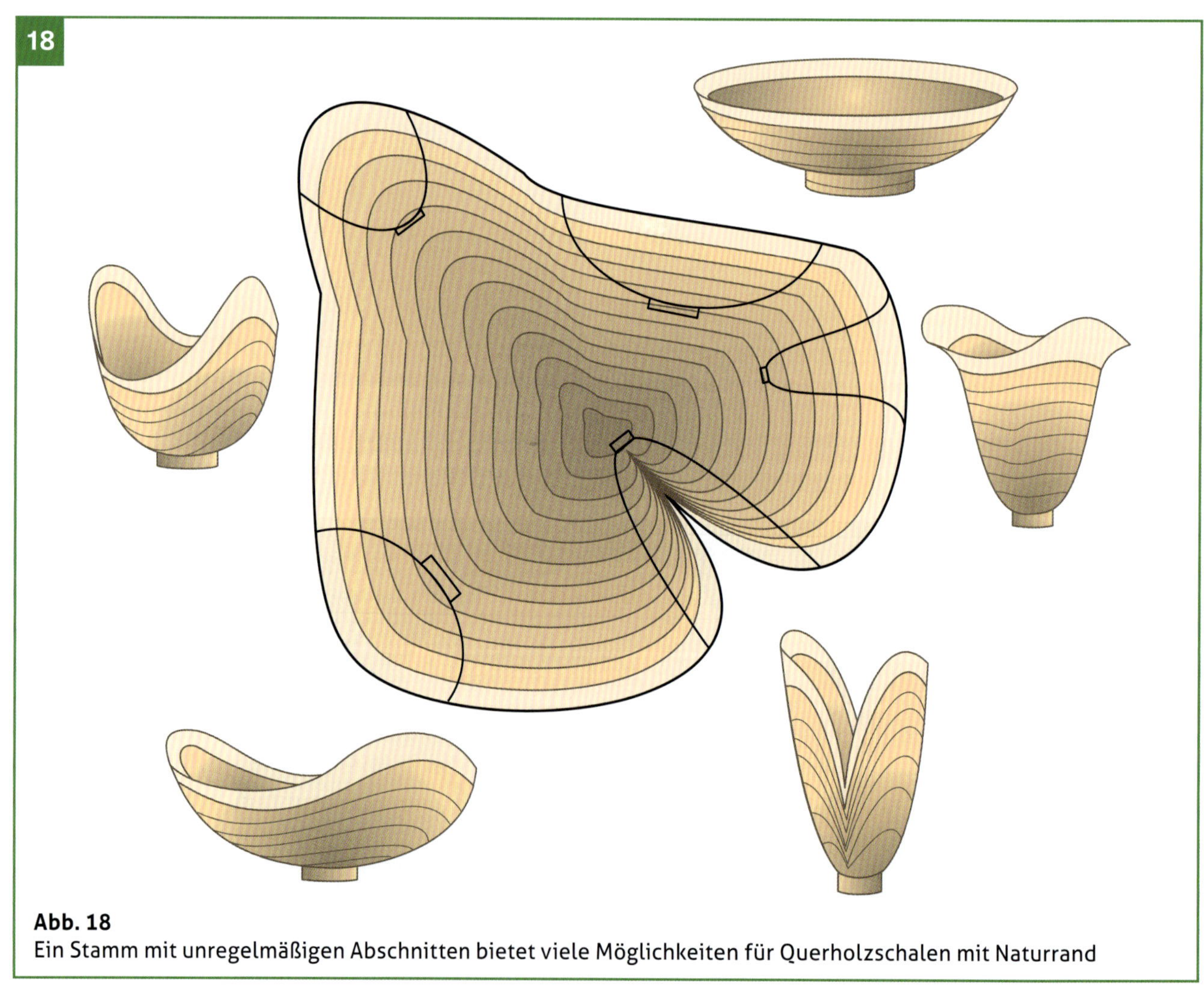

Abb. 18
Ein Stamm mit unregelmäßigen Abschnitten bietet viele Möglichkeiten für Querholzschalen mit Naturrand

DER NATURRAND

Der Rand einer Naturrandschale ist die natürliche Oberfläche des Baumes. In der Regel gehören dazu die Rinde und alles, was auf ihr wächst, wie z. B. Flechten. Es ist aufregend, eine solche Schale zu drechseln, weil sie von der Außenseite bis zum Kernholz den gesamten Baum enthält.

Die Kombination all dieser Teile des Baums in einer Schale gibt ihr eine größere Bedeutung, ob es sich nun um eine Hirnholz- oder eine Querholzschale handelt. Die Form des Rands, der das Wichtigste an der Schale ist, hängt von der Form des ausgewählten Stammes ab und davon, wie die Schale darin ausgerichtet wird.

Querholzschalen

Runde Baumstämme liefern regelmäßig geformte Naturrandschalen und sind aufgrund ihrer leichten Handhabbarkeit für den Anfang gut geeignet. Doch viele Bäume sind nicht rund, und wenn ihre Bearbeitung auch kompliziert ist, bieten sie doch die Gelegenheit, eine unendliche Vielfalt von Kantenformen und Schalendesigns zu entdecken. In der Regel finden Sie eine Stelle, die eine Naturrandschale mit flachem Rand hergibt, oder Sie nutzen auch die extremen Stellen aus, so dass Sie ein Höchstmaß an Variationsmöglichkeiten bezüglich der Höhe des Rands haben.

Abb. 18 zeigt einen unregelmäßigen Stamm und die je nach Lage möglichen Naturrandschalen. Diese Schalen lassen sich sehr leicht mit einem Stück Kreide und ein wenig Vorstellungskraft herausfinden. Verbinden Sie zwei beliebige Punkte auf der Rinde durch eine einfache Kurve, und schon wird die Schale augenscheinlich. Das einzige, was Sie benötigen, um die möglichen Querholzschalen mit Naturrand zu entdecken, ist ein Stück Kreide und ein wenig Vorstellungsvermögen.

Genauer gesagt, entscheiden Sie zuerst, welchen maximalen Durchmesser die Schale haben soll, d. h., wie weit die höchsten Stellen des Randes maximal auseinander liegen sollen. Markieren Sie diese Breite auf dem Baumstamm zwischen den Punkten X und Y, und verbinden Sie diese Punkte dann durch die gepunktete Bezugslinie A (Abb. 19a). (Der Einfachheit halber geht Abb. 19 von einem runden Stamm aus.) Markieren Sie die Mitte der Bezugslinie A und zeichnen Sie senkrecht dazu die Linie B. Das ist die Mittellinie der Schale. Messen Sie von der Spitze der Linie B – das ist die höchste Stelle des Randes der fertigen Schale – auf der Mittellinie die gewünschte Schalenhöhe ab, und zeichnen Sie parallel zur Bezugslinie A die untere Linie ein. Ziehen Sie durch X und Y jeweils eine Linie nach unten vertikal zur unteren Linie. Innerhalb dieser Linien liegt die Schale. Sie können nun das halbe Schalenprofil (Linie D) von der Spitze der Mittellinie zum Boden von einer der Seitenlinien einzeichnen. Linie D stellt die halbe Vorderansicht der Schale dar mit dem maximalen Durchmesser und der maximalen Höhe. Wenn Sie diese Form auch links von Linie B einzeichnen, erhalten Sie Linie E, die die halbe Seitenansicht der Schale darstellt. Die Stelle, an der Linie E auf die Kante des Stammes trifft, markiert die Position des niedrigsten Punktes des Randes, und eine zweite gepunktete Bezugslinie C kann dann hier durchgezogen werden, um den Schalendurchmesser an diesem Punkt darzustellen. Verlängern Sie Linie E bis zur anderen Seite des Stammes zur Vervollständigung der Schalenform.

Da die Durchmesser des Rands am höchsten und niedrigsten Punkt unterschiedlich sind, wird die Schale eine ovale Form haben. Siehe Draufsicht in Abb. 19b. Der Abstand auf der Mittellinie zwischen dem oberen Ende der Rinde und der horizontalen Bezugslinie C ist ein Maß für den steigenden und fallenden Schalenrand. Der Abstand ist zudem ein Maß für den Schwierigkeitsgrad der Drechselarbeit. Je größer der Abstand, desto schwieriger das Drechseln. Da diese Schale aus einem runden Stamm kommt, steigt und fällt der Rand in einer sanften Kurve.

Aus Abb. 4 (Schale A) wissen wir, dass die Maserung aus konzentrischen, ovalen Ringen besteht und dass es die drei Schichten Rinde, Splintholz und Kernholz gibt, wobei letzteres an einer ovalen Stelle am Boden liegt (Abb. 19b und c). Durch das Aufzeichnen ist die Schale sichtbar, bevor die Kettensäge das Holz berührt. Und wenn Sie sich umentscheiden, können die Kreidelinien auf dem Stammende weggewischt werden. Sie können also alles ausprobieren, ohne es ausführen zu müssen. Zeichnen Sie den Kreis nur dann auf die Rinde (Abb. 19d), wenn Sie diese bestimmte Schale haben wollen, denn dann sind keine anderen Schalenformen mehr möglich.

Mit zunehmender Erfahrung können Sie alternativ den Kreis zuerst auf die Rinde zeichnen. Das ist eine gute Methode, wenn bestimmte Oberflächenmerkmale, wie Vertiefungen, kleine Maserknollen oder Flechten auf dem Rand mit einbezogen werden sollen. Dazu muss der Kreis unbedingt durch diese Stellen verlaufen. Wenn Sie den Kreis mit einem Stechzirkel ziehen, wird auf der Oberfläche des Stamms keine runde Form entstehen, sie wird jedoch dem gedrechselten Rand ähnlich sein, der ebenso wenig rund sein wird (es sei denn, die Schale hat vertikale Seiten). Wenn Sie den Kreis aufgezeichnet haben, projizieren Sie die Kantenlinien auf das Stammende, zeichnen Sie die Bezugslinien ein, und gehen Sie, wie oben beschrieben, vor.

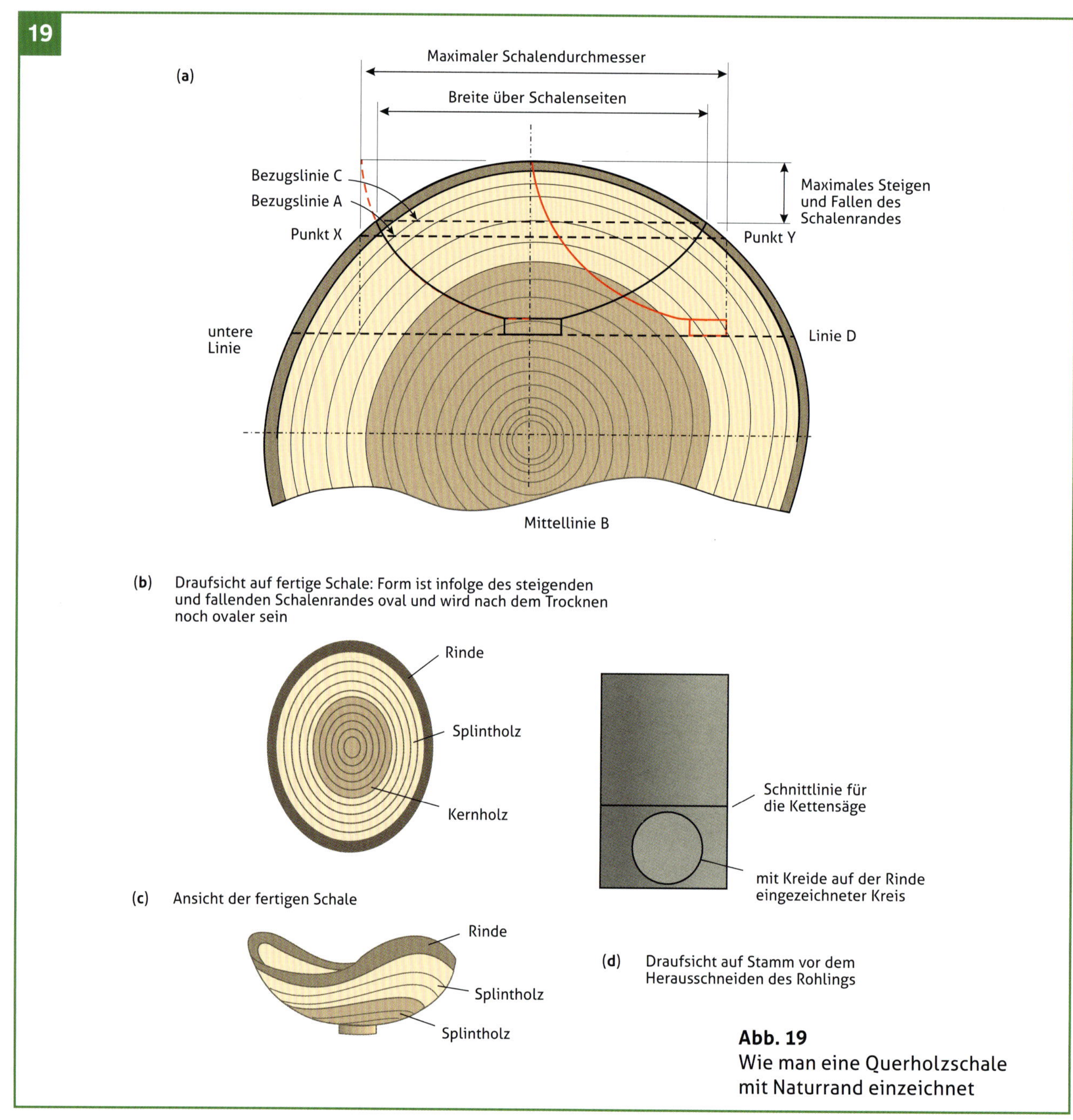

Abb. 19
Wie man eine Querholzschale mit Naturrand einzeichnet

Hirnholzschalen

Hirnholzschalen mit Naturrand erstrecken sich über den gesamten Stammabschnitt, der zugleich der Schalendurchmesser ist. Während bei dieser Vorgehensweise die für den Durchmesser der gewünschten Schale in Frage kommenden Baumgrößen eingeschränkt werden, können aber auch kleine Äste genommen werden. Die Form des Naturrands hängt (a) von der Wahl des Stammes und (b) vom Schalendesign ab.

Ein runder, zwischen den Spitzen gedrechselter Ast ergibt unabhängig vom Winkel des Randes eine runde Schale mit flachem Naturrand. Ein ovaler Ast ergibt ebenfalls eine Schale mit flachem Naturrand, wenn der Rand im 90°-Winkel zur Achse liegt, bis er auf festes Holz trifft. Andererseits erzeugt ein ovaler Ast eine steigende und fallende fließende Kante, deren höchste Stellen an den Punkten liegen, die am weitesten auseinander liegen, vorausgesetzt, dass der Winkel des Randes zur Achse weniger als 90° beträgt. Einige Möglichkeiten sind in Abb. 20 dargestellt. Wie stark der Rand steigt oder fällt, hängt vom Winkel des Randes ab. Bei einem Rand von 90° ist die Kante flach. Je spitzer der Winkel, desto stärker und dramatischer steigt und fällt der Rand. Denken Sie immer daran, je spitzer der Einfallwinkel, desto länger die zerbrechliche Rindenkante.

Eine dreieckige Astform hat drei Spitzen (Abb. 21). Je unregelmäßiger die Astform, desto interessanter die Kante. Die Einbeziehung kleiner Äste oder sogar von Zwieseln ist möglich, wobei jeder Ast einen vorspringenden „Flügel“ bildet.

20

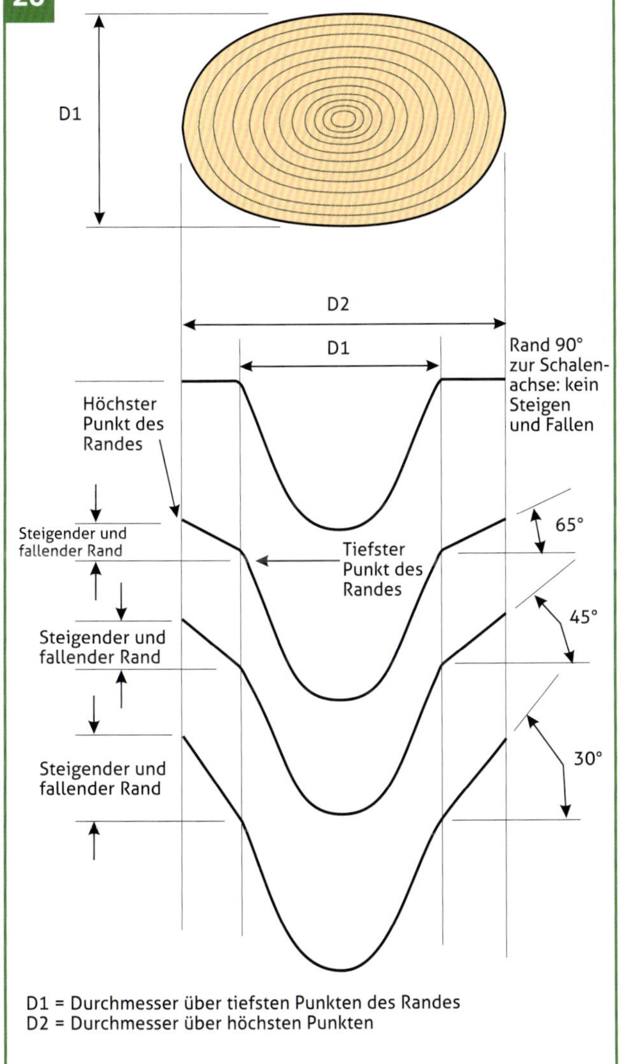

D1 = Durchmesser über tiefsten Punkten des Randes
D2 = Durchmesser über höchsten Punkten

Abb. 20 Hirnholzschalen mit Naturrand: wie der Winkel des Randes das Ausmaß von Steigen und Fallen des Randes bestimmt

Abb. 21 Hirnholzschale mit Naturrand aus einem dreieckigen Ast: der Rand hat drei Spitzen

SCHWUND, SPANNUNG UND VERZIEHEN DER SCHALEN

Da Holz Feuchtigkeit verliert, schwindet es, und zwar im Durchschnitt um 0,1 % in der Länge, um 4 % in Radialrichtung und um 8 % bezogen auf den Umfang (wie in Kapitel 1 erwähnt). Gleichzeitig kommt es zu inneren Spannungen. Diese unterschiedlichen Schwundraten verursachen ein Verziehen im trocknenden Holz. Aus diesem Grunde ist ein Verziehen unumgänglich, wenn Schalen saftfrisch gedrechselt und dann getrocknet werden. Das Ausmaß des Schwunds und Verziehens hängt von der Form der Schale ab und davon, wie sie im Baum positioniert und ausgerichtet ist. Wenn wir uns die Schalen A, B, C, D und E (aus den Abb. 22 und 23) mit einer gleichmäßigen Dicke von 6 mm nochmals anschauen, sehen wir, was mit den Schalen passiert, wenn sie langsam und gleichmäßig trocknen.

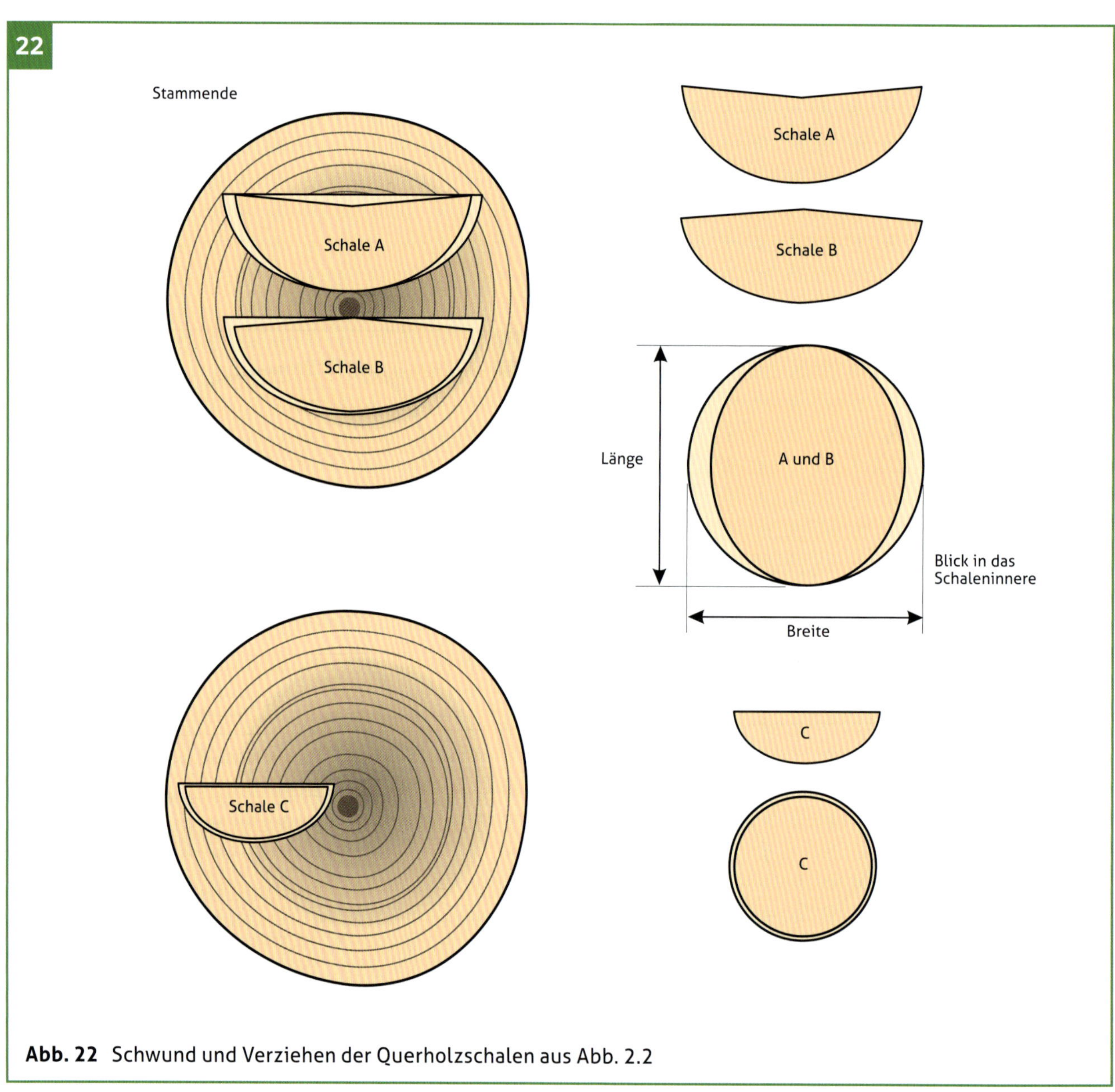

Abb. 22 Schwund und Verziehen der Querholzschalen aus Abb. 2.2

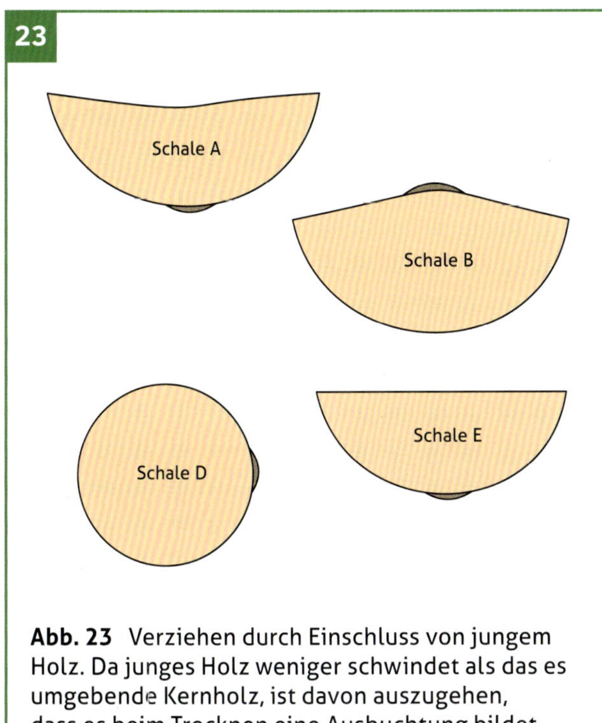

Abb. 23 Verziehen durch Einschluss von jungem Holz. Da junges Holz weniger schwindet als das es umgebende Kernholz, ist davon auszugehen, dass es beim Trocknen eine Ausbuchtung bildet

Querholzschalen

Bei Schale A, deren Boden in der Nähe des Marks liegt, ist der minimale Schwund in Längsrichtung zu vernachlässigen. Die Länge der Schale bleibt gleich (Abb. 22). (Die Länge wird *entlang* der Faser gemessen.) Der Schwund in Radialrichtung reduziert Höhe und Breite der Schale. (Die Breite wird *quer* zur Faser gemessen.) Der Schwund des Umfangs bewirkt, dass sich die Schale bezogen auf das Mark verwirft, wodurch sich die Kante auf beiden Seiten erhöht und sich die Breite verringert. Das junge Holz kann eine leichte Unebenheit am Schalenboden verursachen (Abb. 23). Das Endergebnis ist eine ovale Schale mit leicht nach oben gewölbten Seitenkanten.

Auch bei Schale B, deren Rand direkt unter dem Mark verläuft, ist der Schwund in Längsrichtung gering. Höhe und Breite der Schale werden durch den radialen Schwund verringert. Wenn der Umfang schwindet, biegt sich der Rand weg vom Mark, und auf beiden Seiten kommen die Kanten tiefer zu sitzen. Dadurch wird auch der Durchmesser etwas verringert. Das Verziehen ist beträchtlich, weil durch den Schwund in Radialrichtung in Verbindung mit dem Schwund des Umfangs die Breite verringert wird, während die Schalenlänge unverändert bleibt. Das macht die Schale in der Draufsicht oval mit verringerter Höhe. Die Seiten sind niedriger als die Enden, und oben bildet das junge Holz, welches in geringerem Maße schwindet als das Kernholz, an der Stelle des Marks eine abgerundete Spitze.

Schale A und Schale B lagen beide symmetrisch um das Mark. Dadurch sind ihre Maserungen spiegelbildlich und das Verziehen auf jeder Seite der Schale gleich. Selbst wenn sie sich beide verziehen, sind sie also symmetrisch um die Mitte. Liegen die Schalen außermittig zum Mark, ergeben sich verzogene, asymmetrische Schalen.

Schale C ist so platziert, dass sich die verschiedenen Schwundarten nicht gegenseitig beeinflussen. Der Schwund in Längsrichtung (den wir ignorieren) erfolgt entlang der Schalenlänge, der Schwund in Radialrichtung reduziert die Breite und der Schwund des Umfangs die Höhe. Die Schale wird oval sein, allerdings nicht in dem Maße wie die Schalen A oder B, und der Rand bleibt flach.

Hirnholzschalen

Die Höhe einer Hirnholzschale schwindet in dem Maße, wie die Zellen in Längsrichtung schwinden. Das ist vernachlässigbar und kann ignoriert werden, unabhängig davon, an welcher Stelle die Schale im Stamm lag.

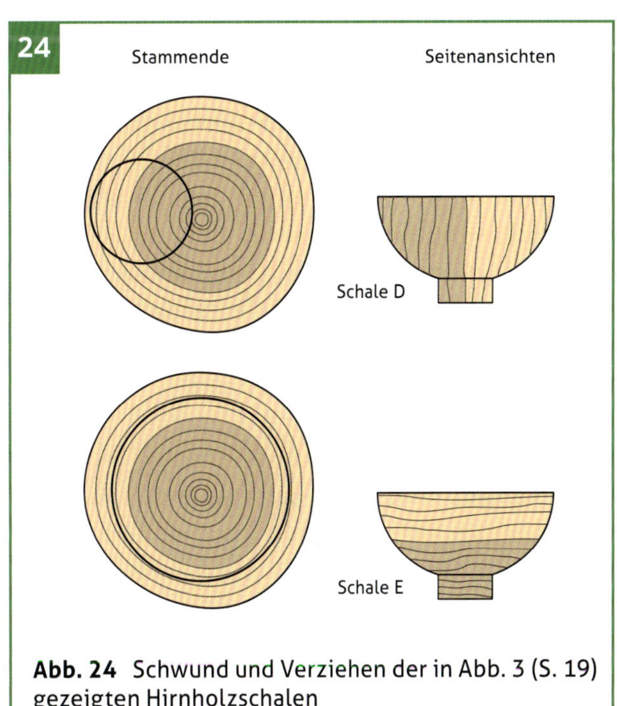

Abb. 24 Schwund und Verziehen der in Abb. 3 (S. 19) gezeigten Hirnholzschalen

Bei Schale D verringern der radiale Schwund und der Schwund des Umfangs die Breite und die Länge um ihr jeweiliges Ausmaß im 90°-Winkel zueinander (Abb. 24).

Das sollte theoretisch zu einer leicht oval geformten Schale führen; in der Praxis ist die ovale Form des Randes allerdings minimal.

Bei Schale E mit mittigem Mark bewirken der radiale Schwund und teilweise der Schwund des Umfangs zusammen eine Verringerung des Randdurchmessers. Der übermäßige Schwund des Umfangs reduziert den Randdurchmesser etwas mehr, weil die Schalenmitte hohl ist. Sie bleibt jedoch rund. Am massiven Boden verursacht der übermäßige Schwund des Umfangs innere Spannungen. Das junge Holz schwindet weniger als das Kernholz, was an dieser Stelle zu einer Ausbuchtung führen kann.

Eine Hirnholzschale verzieht sich im Durchschnitt weniger als eine Querholzschale. Meine Frau und ich halten das für einen Vorteil. Daher sind alle unsere Schalen aus der „Farbigen Serie" Hirnholzschalen.

Besonderes Verziehen

Sämtliche oben abgebildeten Darstellungen zu Schwund und Verziehen basieren auf der Annahme, dass die Schalendicke groß genug ist, um für den gesamten Baum repräsentativ zu sein, so dass der Schwund der Schale dem durchschnittlichen Schwund des Baumes entspricht. Doch wie wir wissen, weisen unterschiedliche Teile des Baumes unterschiedliche Schwundraten auf. Splintholz kann stärker schwinden als Kernholz, insbesondere wenn beide unterschiedlich gefärbt sind. Befindet sich zwischen Kern- und Splintholz ein horizontaler Riss, ist der sichtbare Effekt auf der Schale minimal. Verläuft der Riss jedoch vertikal, können die Schalen unsymmetrisch werden, ganz gleich, ob es sich um eine Hirnholz- oder Querholzschale handelt. Rinde schwindet stärker als Splintholz.

Wenn die Schale dünn ist, d. h. weniger als 3 mm dick, werden die einzelnen Faserzellen in ihrem Schwund und ihrer Bewegung durch sie umgebende Zellen nicht mehr eingeschränkt und können sich frei bewegen. Das verstärkt das unregelmäßige Verziehen, minimiert jedoch gleichzeitig die inneren Spannungen. Das wird in „empfindlichen" Formen, wie z. B. flachen Rändern, deutlicher sichtbar als in unempfindlichen Formen, wie z. B. Kugeln. Schalen mit unregelmäßiger Faserrichtung, wie sie in Zwieseln zu finden ist, geriegeltem Faserverlauf und Maserknollen weisen ein deutliches Verziehen auf, weil sich ihre Faserausrichtung ständig ändert.

Der Trocknungsprozess

Alle oben beschriebenen Schwundprozesse laufen ab, wenn Sie die Schale vom Fasersättigungspunkt auf Feuchtigkeitsgleichgewicht trocknen. Der Trocknungsprozess muss jedoch genauestens beobachtet werden, weil unterschiedliches Trocknen innerhalb der Schale erhebliche innere Spannungen mit unvermeidbarer Rissbildung verursachen kann. Wenn eine dicke Schale schnell getrocknet wird, trocknet und schwindet zuerst die Außenseite, während die Innenseite noch nass ist und ihre Größe beibehält. Das Ergebnis sind innere Spannungen und Reißen an der Oberfläche. Oder dünne Stücke trocknen schneller als dicke mit dem gleichen Ergebnis.

Durch kontrolliertes Trocknen kann der Feuchtegehalt auf sichere Weise von über dem Fasersättigungspunkt auf einen stabilen Zustand im Feuchtigkeitsgleichgewicht reduziert werden. „Stabil" bedeutet in diesem Zusammenhang das Feuchtigkeitsgleichgewicht, das zu Hause in der endgültigen Umgebung der Schale herrscht. „Sicher" bedeutet die Aufrechterhaltung eines relativ gleichmäßigen Feuchtegehalts in der Schale zur Vermeidung von inneren Spannungen.

Abb. 25 gibt Aufschluss über den Trocknungsprozess in einem kontinuierlichen Vorgang. Die rote Linie steht für den durchschnittlichen Feuchtegehalt einer trocknenden Schale und sieht recht harmlos aus. Wenn wir uns jedoch die unterschiedlichen Trocknungsraten der Oberfläche und der Mitte dieser Schale anschauen, zeigt sich uns ein ganz anderes Bild. Der Unterschied im Feuchtegehalt von Innenseite und Oberfläche ist erheblich und würde mit Sicherheit innere Spannungen und Reißen an der Oberfläche verursachen. Je dicker die Schale, desto größer der Unterschied.

Eine dünne Schale mit einer gleichmäßigen Dicke von 1,5 mm kann problemlos innerhalb 24 Stunden oder schneller getrocknet werden. Häufig nehme ich dünne Schalen mit in die Küche und stelle sie auf unseren Ölofen (der immer in Betrieb ist), auf dem sie sehr schnell trocknen. Während des Trocknens hört man sie knacken, doch das verursacht keine großen Schäden.

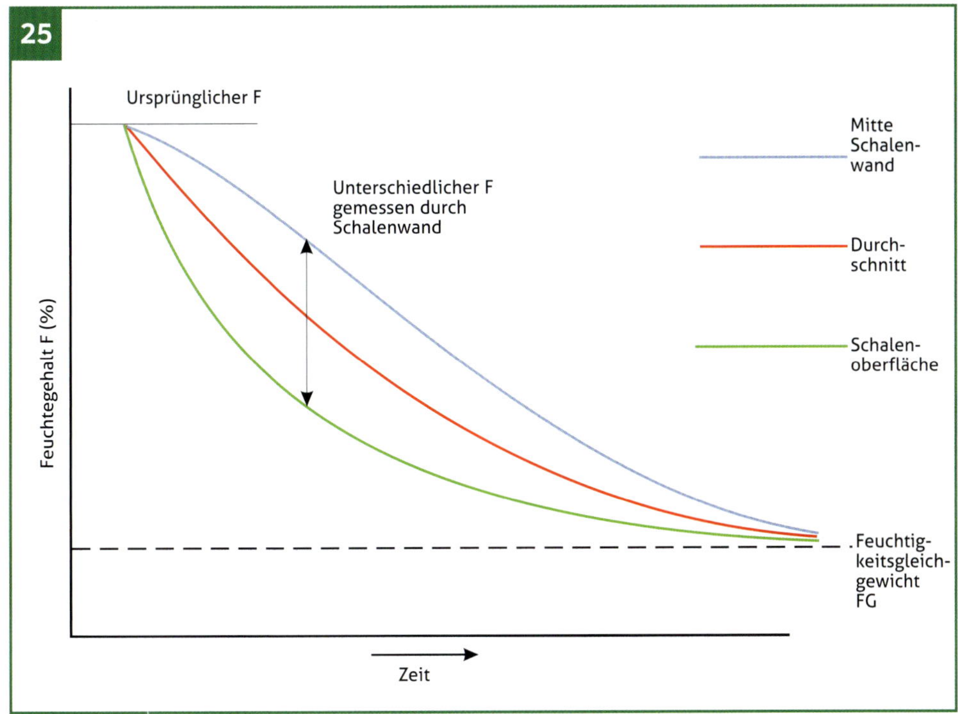

Abb. 25
Wie unkontrolliertes Trocknen dazu führt, dass unterschiedliche Teile der Schale unterschiedlich trocknen

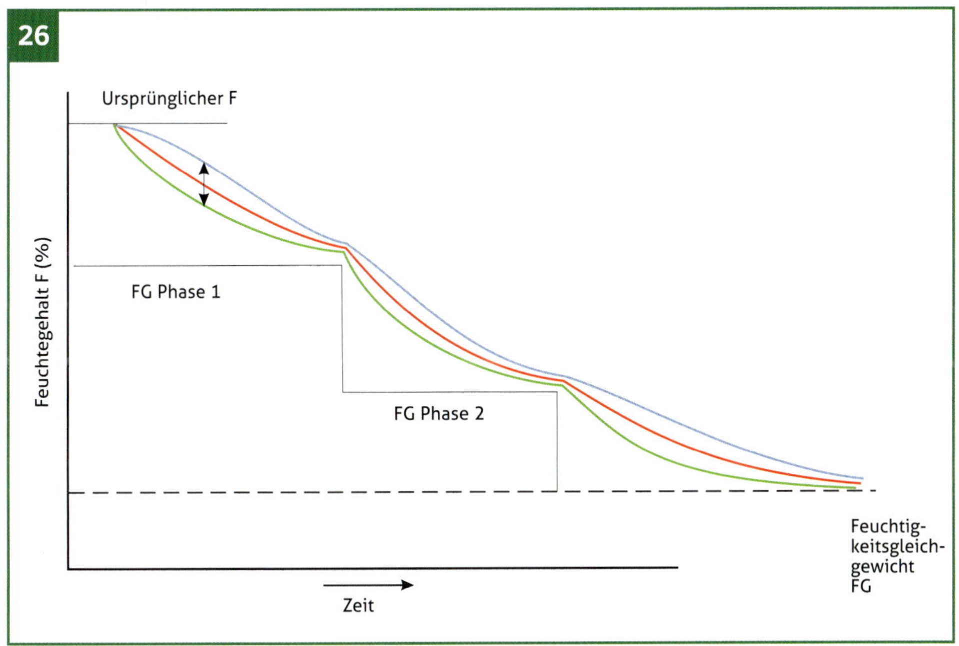

Abb. 26
Kontrolliertes Trocknen zur Verlangsamung der Trocknungsrate und zur Minimierung von unterschiedlichem Trocknen

Eine sehr dünne Schale, die getrocknet wurde, wird kaum innere Spannungen aufweisen, weil jeder Teil der Schale nach Belieben schwinden und sich bewegen kann. Aus Erfahrung weiß ich, dass trockene, dünne, saftfrisch gedrechselte Schalen wesentlich stabiler sind, als wenn sie aus einem harten Stück trockenem Holz gedrechselt worden wären.

Eine 6 mm dicke Schale muss langsamer getrocknet werden. Es dauert etwa eine Woche, bis das FG erreicht ist.

Unterschiedliches Trocknen kann man reduzieren, indem man phasenweise mit jeweils nur wenig niedrigerem FG trocknet. Wenn man die Schale zum Beispiel mit nassen Holzspänen in eine Tüte steckt (vorzugsweise Papier- statt Plastiktüte), verlängert sich die Trocknungszeit, und die unterschiedlichen Trocknungsra-

Abb. 27 Eine vorgedrechselte Schale wird in der Mikrowelle getrocknet. Das Gewicht ist nach jedem Vorgang zu prüfen

ten innerhalb der Schale werden erheblich reduziert. Das Stück sollte regelmäßig gewogen werden. Stellt man fest, dass sich das Gewicht stabilisiert, stabilisiert sich auch der Feuchtegehalt, und die Schale kann eine zweite Zwischenphase durchlaufen, bis der Feuchtegehalt, wieder stabil ist. Stellen Sie sie zum Schluss bei Raumtemperatur hin, und lassen Sie den Feuchtegehalt sich wieder stabilisieren, bevor Sie ein Finish auftragen oder das Stück fertig drehen. (Abb. 26).

Etwas mehr Sorgfalt sollte man dickeren und vorgedrechselten Schalen widmen, die bis zu 38 mm dick sein können. Ich würde solche Schalen bis zu drei Monate lang trocknen. In Anbetracht der Unterschiede zwischen verschiedenen Baumarten würde ich Stechpalme und Obsthölzer langsamer trocknen als Ahorn, Buche oder Esche.

Trocknen in der Mikrowelle

Wenn Ihnen das Trocknen an der Luft etwas zu lange dauert, können Sie die Mikrowelle zu Hilfe nehmen (Abb. 27). Dünne Schalen können in ein paar Minuten getrocknet werden. Das ist ein großer Vorteil, wenn Sie sofort Ergebnisse haben wollen. Meiner Meinung nach liegt der große Vorteil des Trocknens dünner Schalen in der Mikrowelle darin, dass sie sehr weich und geschmeidig aus dem Ofen kommen und sich beim Abkühlen in die gewünschte Form bringen lassen.

Das Trocknen in der Mikrowelle ist nicht problemlos. Es ist daher eine gute Idee, sich eine spezielle Vorgehensweise zurechtzulegen und Erfahrungen mit verschiedenen Holzarten und Schalengrößen zu sammeln. Wiegen Sie die Schale zu Beginn. Eine vorgedrechselte Schale von 152 mm Durchmesser und 38 mm Dicke stellen Sie für den Anfang bei mittlerer Einstellung für etwa zwei Minuten in die Mikrowelle. Beim Herausnehmen werden Sie feststellen, dass sie warm ist; lassen Sie sie an einem kühlen Ort abkühlen – je kälter desto besser –, und wiegen Sie sie erneut. Wiederholen Sie diesen Vorgang, bis sie trocken, aber nicht zu trocken ist, weil wiederholtes Trocknen in der Mikrowelle die Schale bis auf 0 % Feuchtegehalt bringen wird und innere Schäden verursachen kann. Kontrollieren Sie Ihr Trocknungsdiagramm (die Zeit, die das Stück in der Mikrowelle verbleibt), und stoppen Sie, bevor es 0 % erreicht. Insgesamt kann dieser Vorgang wegen der langen Abkühlzeit 24 Stunden dauern.

Abmildern von Spannungen

Spannung ist etwas, das sich während des Trocknungsprozesses im Holz vollzieht. Dadurch, dass sie Verziehen und Reißen verursacht, kann sie das Holz u. U. zerstören. Spannungen können durch Dämpfen (wie beim Dampfbiegen) gemildert werden; dabei kann das Holz langsam abkühlen. Das Abmildern der Spannungen ist in den meisten Fällen nicht nötig. Ich würde es für vorgedrechselte große, flache Teller allerdings empfehlen, weil ein flacher Rand eine sehr empfindliche Form hat und wesentlich mehr zum Verziehen neigt als eine

Kugelform. In vorgedrechselten Stücken sollten Spannungen nach dem ersten Trocknen und vor dem Fertigdrehen abgemildert werden. Ich könnte mir vorstellen, dass das Trocknen in der Mikrowelle auch die Spannungen im Holz verringert.

Polyethylenglykol (PEG)

Eine andere Möglichkeit, Holz zu stabilisieren, besteht darin, die Feuchtigkeit des Holzes durch eine als Polyethylenglykol (PEG) bekannte Lösung zu ersetzen. Diese Methode eignet sich für vorgedrechselte Schalen, die bis zu drei Wochen lang in die Lösung getaucht werden. In dieser Zeit wird die Feuchtigkeit im Holz durch Osmose durch die wachsartige Substanz des PEG ersetzt. Nach dem Wässern lässt man die Schale trocknen; sie kann dann nachgedrechselt und mit einem Finish versehen werden.

PEG wurde zur Stabilisierung des Holzes archäologischer Unterwasserwracks entwickelt, die für Museumszwecke gehoben werden. In solchen Fällen ist die Verwendung von PEG oder einer ähnlichen Lösung wichtig, denn ließe man sie auf natürliche Weise trocknen, würden sie zerfallen.

Leider ist PEG hygroskopisch und verändert seine Viskosität je nach Temperatur und Feuchtigkeit. Folglich strömt es aus dem Holz. Um das zu vermeiden, muss das Holz mit einem sehr harten Finish, wie Polyurethan, vollständig versiegelt werden. Das ist sehr schwierig, da Teile der Oberfläche kein Finish annehmen. Selbst ohne dieses Problem machen alleine die Einschränkungen im Zusammenhang mit dem Finish PEG bereits für viele gedrechselte Teile ungeeignet, weil ein hartes Finish oft vom natürlichen Glanz und den fühlbaren Eigenschaften des Holzes, auf die man eigentlich Wert legt, ablenkt. Jedenfalls ziehe ich es vor, eine solche Substanz nicht an meine Hände zu lassen oder in der Nähe von Nahrungsmitteln zu verwenden. Der Vorgang dauert ebenso lange wie das natürliche Trocknen der vorgedrechselten Schale und löst keinerlei Probleme im Zusammenhang mit dem natürlichen Trocknen, ohne noch größere Probleme oder Einschränkungen zu bringen. Es erfordert mit Sicherheit mehr Rohmaterial, Lagermöglichkeiten und Zeitaufwand, was letzten Endes viel teurer sein kann als das Stück Holz, das Sie retten wollen.

Wenn es darum geht, in einem Arbeitsgang gedrechseltes oder vorgedrechseltes Holz zu trocknen und zu stabilisieren, liegt die Lösung in der Kenntnis des Materials und darin, es einfühlsam zu behandeln – keinesfalls im Umfang ihres Geldbeutels!

HOLZ, WERKZEUGE UND TECHNIKEN

BEZUG UND AUSWAHL VON HÖLZERN

Bei der Wahl der Holzart für das Grünholzdrechseln stellen sich die gleichen Anforderungen wie für das Arbeiten mit getrocknetem Holz. Eignet sich das Holz für den Zweck, den das fertige Teil erfüllen soll? Stimmt der Preis? Unabhängig davon, ob Holz getrocknet oder saftfrisch verarbeitet wird, ist das Endprodukt getrocknet, also gelten dieselben Kriterien. Wenn eine Schale zum Beispiel direkt mit Nahrungsmitteln in Berührung kommt, muss das Holz ungiftig, geruchlos, feinporig (damit keine Teile der Nahrung in die Faser eindringen) und abwaschbar sein. Es spielt keine Rolle, ob es saftfrisch oder getrocknet gedrechselt wird.

Relevant ist für die Holzwahl, ob es sich leicht maschinell bearbeiten oder drechseln lässt. In der Regel lässt sich jedes Holz, das sich in trockenem Zustand gut drechseln lässt, saftfrisch noch leichter drechseln. Die meisten Hölzer können saftfrisch gedrechselt werden, doch einige lassen sich besser bearbeiten als andere. Ich erinnere mich noch daran, wie ich meinen Produktionsausstoß dadurch verdoppelte, dass ich mein Ahornholz gegen Apfelbaumholz aus dem Brennholzstapel des Nachbarn tauschte, weil sich der Apfel viel leichter verarbeiten ließ.

Schalen werden in der Regel aus Laubhölzern gedrechselt. Nicht nur, weil sie die vom Drechsler so geschätzten physikalischen und dekorativen Eigenschaften aufweisen, sondern weil es eine größere Artenvielfalt gibt, weil größere Stücke möglich sind und sie leicht zu bekommen sind. In Betracht kommende Hölzer, wie Sträucher oder Hecken, z. B. Goldregen oder Weißdorn, sind Harthölzer, die dekoratives Drechselholz liefern. Obsthölzer lassen sich besonders leicht drechseln. Wir denken an Apfel, Birne, Kirsche und Pflaume, doch vergessen wir nicht den Guavenbaum, den Mangobaum, die Kiwi und andere. In der Tat lohnt es sich, es mit jeder Art von Obstbaumholz zu versuchen.

Nadelhölzer sollten jedoch nicht hintangestellt werden. Es gibt einige besonders spektakuläre unter ihnen, die bei Drechslern sehr beliebt sind, und ich bin sicher, es gibt noch mehr, die entdeckt werden wollen. Eibe sieht sehr schön aus, wenn sie saftfrisch gedrechselt wird. Ihr cremefarbener schmaler Splintholzstreifen kontrastiert deutlich mit dem kräftig roten Kernholz. Eibe hat außerdem einen unregelmäßigen Stamm, aus dem sich interessante Naturrandschalen drechseln lassen. Huon Pine ist einer der am langsamsten wachsenden Bäume der Welt und lässt sich gut drechseln. Mit ihren engen Jahresringen und dem gleichmäßig gefärbten und kräftig cremefarbenen Holz ist sie auf ihre eigene Art schön. Die Mammutbäume in Oregon und Kalifornien sind majestätisch und liefern feines Drechselholz, insbesondere aus den Maserknollen.

Da das für das Drechseln von Grünholz benutzte Holz als Stamm vorliegt, sich schlecht handhaben lässt, schwer ist und wenig nachgefragt wird, ist es unwahrscheinlich, dass Ihr örtlicher Holzhändler welches vorhält. Sägemühlen, die frisches Holz verarbeiten, könnten Ihnen weiterhelfen, wenn Sie das Holz in größeren Mengen oder in Bohlenform abnehmen. Vielleicht gibt es nicht allzu weit von Ihnen entfernt einen Holzfachhandel, der Ihren Bedarf decken kann. Bäume, die sich für das Grünholzdrechseln eignen, befinden sich ganz in Ihrer Nähe. In Gärten, Parks, auf Baugrundstücken oder überall dort, wo Bäume wegen ihrer natürlichen Schönheit gepflanzt wurden und nicht wegen ihres

Abb. 1 Ernten von Ahorn auf einem Baugrundstück in Castletown, Caithness

kommerziellen Wertes. Es kommt immer wieder vor, dass ein Baum gefällt oder ausgeästet, ein Haus gebaut oder ein Garten umgestaltet wird. Sprechen Sie mit der Parkverwaltung, mit Forstarbeitern, Baumchirurgen oder Bauherren, und sagen Sie ihnen, dass Sie an frischem Holz interessiert sind. Normalerweise sind sie behilflich, insbesondere wenn Sie sich erkenntlich zeigen oder ihnen ein oder zwei Schalen drechseln. Lassen Sie nichts unversucht, um Erfahrungen zu sammeln und fachmännisches Können zu entwickeln. Der Kontakt mit anderen Drechslern gibt Ihnen die Möglichkeit, typische Exemplare zu tauschen und Ihren Horizont zu erweitern.

Ich denke es ist gut, dort wo Sie wohnen, einheimische Hölzer zu verwenden, so geben Sie Ihrer Arbeit eine nationale Identität. Die Verwendung von Tropenholz ist im Grunde die Suche nach etwas, das für jemand anderen heimisch ist. Wir verwenden hier Holz aus dem schottischen Hochland und aus Caithness, insbesondere das, das aus nichtkommerziellen Gründen gefällt wurde. Unsere Holzquellen sind z. B. Holz aus Windbruch, Holz von Baustellen oder bei der Baumpflege ausgeästetes Holz. Selbst in unserer Grafschaft, die nur geringen Baumbestand aufweist, habe ich in den letzten 20 Jahren genügend Holz gefunden, meist Ahorn.

Weil Ahorn das Holz ist, das am meisten vorhanden ist, hat sich daraus unser Stil, Schalen zu drechseln und zu verzieren, entwickelt. Hinweise auf die Eigenschaften der unterschiedlichen Hölzer sind im (Literaturverzeichnis auf S. 140) enthalten. Die Informationen aus diesen Quellen können Sie gegen die Anforderungen prüfen, die Ihre Drechselprodukte erfüllen sollen.

Ernten von Grünholz

Immer wieder werde ich gefragt, wann man einen Baum, den man saftfrisch drechseln möchte, am besten fällen sollte. Diese Frage habe ich mir selbst nie beantwortet, denn sie impliziert den Luxus, dass Bäume zum Fällen frei zur Verfügung stehen – eine Situation, in der ich mich nie befunden habe. Meistens antworte ich, „wenn er am billigsten ist" oder „wenn man ihn bekommen kann". Die letzten Bäume, die ich gekauft habe, wurden im September gefällt, doch darauf hatte ich keinen Einfluss. An einem Samstagmorgen fuhr ich durch Castletown nach Hause, ein Dorf, das 8 km von meinem Wohnort entfernt ist. Ich fuhr an einem Baugrundstück vorbei, auf dem gerade fünf Ahornbäume gefällt wurden, um Platz für ein Haus zu schaffen. Ich wendete unverzüglich, und nachdem ich mit dem Bauherrn eine halbe Stunde lang gehandelt hatte, kaufte ich alle fünf Bäume. Ich war enttäuscht, sie bezahlen zu müssen, denn ich hatte gehofft, er wäre froh darüber, dass ich sie kostenlos wegschaffen würde. Unter Einsatz der auf dem Grundstück befindlichen Maschinen und eines Traktors mit Anhänger schleppte ich fast 25 Tonnen Holz nach Hause. Diese Folge von Zufällen ist typisch für die Art und Weise, wie ich zu meinem Holz komme (Abb. 1).

Doch die Frage verdient daneben eine wohlüberlegte Antwort. Bezüglich bestimmter Eigenschaften und der Verwendungsart des Holzes gibt es je nach der Jahreszeit, in der der Baum gefällt wird, Unterschiede. Für den Grünholzdrechsler ist das Erhalten der Rinde von Bedeutung, wenn er Naturrandschalen oder -gefäße drechseln möchte. Während der Vegetationsphase transportiert die innere Rindenschicht aktiv die Nährstoffe des Baumes, und die Cambiumschicht produziert aktiv neues Holz auf der einen Seite und Rinde auf der anderen. Zu diesem Zeitpunkt ist die Cambiumschicht am schwächsten, und man sollte dann natürlich vermeiden, den Baum zu fällen, wenn man auf die Rinde Wert legt. Im Winter, der Ruheperiode, ist die Cambiumschicht stärker. In dieser Zeit gefällte Bäume eignen sich besser für Zwecke, bei denen auf die Rinde Wert gelegt wird.

Wenn sich das Holz leicht schneiden lassen soll, ziehe ich aktives Holz vor, das im Sommer gefällt wird, obwohl es dafür keinen wissenschaftlichen Beweis gibt. Der Feuchtegehalt verändert sich über das Jahr nicht besonders. Je höher er jedoch ist, desto leichter lässt sich das Holz schneiden. Das gelagerte Holz bleibt auch länger nass.

Sie können sich mit einer Stahlrohrbügelsäge behelfen, wenn Sie nur kleine Stämme verarbeiten, die leicht genug sind, um von Hand hochgehoben und mit einer Bandsäge mit großen Sägezähnen geschnitten zu werden. Doch es wird nicht lange dauern und Sie stellen fest, dass eine richtig und sicher eingesetzte Kettensäge ein wichtiges Werkzeug des Grünholzdrechslers ist, weil Sie damit das Holz ernten, sammeln und für die Drehbank vorbereiten können.

Wenn Ihnen jemand am Telefon sagt, gerade werde ein Baum gefällt oder ausgeästet, ist das immer eine große Versuchung, aber es ist ratsam, sich den Baum zuerst anzuschauen. Ist er von der Größe und der Art her für Sie von Nutzen, wenn Sie ihn nach Hause geschafft haben? Prüfen Sie den Baum, bevor Sie sich entscheiden, denn es kann eine Menge von Problemen

WARNUNG

Das Fällen eines Baumes ist eine knifflige und gefährliche Angelegenheit. Ich würde Ihnen nicht empfehlen, einen Baum zu fällen, wenn Sie dabei und beim Entfernen der Äste nicht im sicheren Umgang mit der Kettensäge geübt sind. Daneben benötigen Sie sämtliche Schutzkleidung, wie Sicherheitsschuhe mit Stahlkappen, eine Spezialhose und -jacke aus Spezialfaser, die die Kettensäge bei Berührung bremst, Schutzhandschuhe und -helm mit Visier und Ohrschutz. Legen Sie sich die Schutzkleidung gleichzeitig mit dem Kauf der Kettensäge zu, denn Unfälle geschehen nicht erst dann, wenn Sie sie haben. Wenn Sie Bäume in Hausnähe fällen, sollten Sie versichert sein, und es kann schwierig sein, eine solche Versicherung ohne weiteres abzuschließen.

Abb.2 Ulme mit Maserknolle ruiniert durch eingeschlossenen Zaundraht

geben, die bestenfalls mit Verdruss, Geld- und Zeitverschwendung verbunden sind. Da Gartenbäume oft für Schaukeln, Wäscheleinen, Zielscheiben und Baumhütten genutzt werden, können sie eine Menge Fremdkörper, wie z. B. 15er-Nägel enthalten. Diese können bis zu 5 cm umwallt und mit dem bloßen Auge oder beim Abtasten nicht feststellbar sein. Ein Metalldetektor kann hier gute Dienste tun. Es versteht sich von selbst, dass das Blatt einer Kettensäge schwer beschädigt werden kann, wenn es auf einen solchen Nagel trifft. Ein Holzlieferant wird Ihnen im Garten gewachsenes Holz ungern schneiden, weil besonders die Gefahr für das Sägeblatt weit über dem Wert des Baumes liegt. Das Gleiche gilt für Bäume an Weiden und Koppeln, weil sie häufig als Pfosten und zum Spannen des Drahts genutzt werden und sich etliche Meter Zaunmaterial darin befinden können (Abb. 2).

Wenn Sie den Baum begutachtet haben, sollten Sie prüfen, wie Sie an ihn herankommen. Können Sie Fahrzeug und Hänger neben den Baum stellen? Gibt es irgendwelche Geräte, um die Stämme zu heben? Fälle, in denen das Holz kleingeschnitten und über einen hohen Zaun geworfen oder durch das Haus getragen werden muss, um abtransportiert werden zu können, sind zu vermeiden.

Wenn der Baum einmal am Boden liegt, geht es darum, ihn zu schneiden, nach Hause zu transportieren und für den weiteren Gebrauch zu lagern. Beim Schneiden des Baums ist es wichtig, die Stücke immer so groß und so lang zu lassen, wie Sie sie handhaben und lagern können. Die Stücke schrumpfen immer ein paar Zentimeter, wenn sie eine Weile gelagert werden. Und wenn ein 305 mm langer Stamm an den Enden jeweils 50 mm an Länge verliert, sind Sie in dem, was Sie damit anfangen wollen, wesentlich mehr eingeschränkt als bei einem 3 m langen Stamm, der an beiden Enden um 50 mm schrumpft.

Schauen Sie sich den Baum rundherum sorgfältig an und wählen Sie die Teile aus, die Sie erhalten möchten. Zeichnen Sie dann mit einem Stück Kreide die Punkte ein, an denen Sie schneiden werden, um sicherzugehen, dass der Baum für Ihre bestimmten Teile bestmöglich ausgeschöpft wird. Auch wenn es so scheint, als wäre es am einfachsten, mit dem Abschneiden aller Äste nahe am Stamm zu beginnen, tun Sie es bitte nicht. Sie machen auf diese Weise den größten Teil der Pyramidenmaser (Faserverlaufs in einem Zwiesel) unbrauchbar. Schneiden Sie große Äste, wie in Abb. 3 gezeigt, ab. So können Sie das Zwieselholz voll ausschöpfen. Wenn Sie wie auf der Abbildung verfahren, ist es mit Sicherheit schwieriger, den Stamm zu bewegen, doch Sie ernten den Lohn bei Ihren fertigen Stücken. Markieren Sie die Schnittpunkte deutlich, damit Sie darüber nicht mehr nachdenken müssen, wenn die Kettensäge läuft. Lassen Sie das niemals von jemand anderem für Sie erledigen, denn er könnte das ruinieren, was ein ausgezeichnetes Stück Holz hätte sein können.

Wenn Sie Naturrandschalen drechseln wollen, halten Sie sich vor Augen, dass Sie beim Blick auf die Stämme die fertigen Ränder aller Schalen sehen, die Sie fertigen werden. Daher ist es sehr wichtig, vorsichtig vorzugehen. Benutzen Sie keine aggressiven Maschinen oder Ketten direkt am Holz. Heben Sie den Stamm auf Bohlen, wenn Sie einen Gabelstapler oder Bagger benutzen. Nehmen Sie zum Heben lieber Seile statt Ketten, doch was immer Sie nehmen, wickeln Sie zuvor reichlich Sackleinen um den Stamm. Auch wenn Sie keine Naturrandschalen drechseln, ist es ratsam, Beschädigungen der Rinde zu vermeiden, weil sie eine Schutzschicht ist, die die Feuchtigkeit hält und rasches Trocknen der Stammoberfläche vermeidet. Ohne Rinde neigt der Stamm zum Reißen.

Lagerung

Es ist ein tolles Gefühl, einen Baum zu fällen und am gleichen Tag fertige Teile daraus zu drechseln. Weil das nicht immer möglich oder gar durchführbar ist – und ohnehin nur ein kleiner Teil des Baumes verarbeitet wird –, muss das Holz in der Regel bis zur Verarbeitung gelagert werden. In saftfrischem Zustand haben die Stämme eine begrenzte Lagerfähigkeit, die je nach Lagerweise verlängert oder verkürzt werden kann.

Die Art und Weise der Lagerung hängt sehr stark ab von den lokalen Bedingungen oder dem Klima, und bei kurzfristiger Lagerung kann man sich die Jahreszeit zu Nutze machen. Die Stämme sollten als Rundholz gelagert werden, d. h. nicht in der Mitte gespalten, weil dadurch rasches Trocknen verursacht wird und Sie viel von der Flexibilität bei der Verwendung des Holzes verlieren. Schützen Sie es vor allem, was Feuchtigkeitsverlust bedeutet, wie direkte Sonneneinstrahlung, hohe Temperaturen, geringe Feuchtigkeit und austrocknenden Wind. Ideale Voraussetzungen schaffen Sie durch abgedecktes Lagern an einem feuchten, dunklen und kühlen Ort. Bei Lagerung auf der blanken Erde liegen die Stämme am besten auf Unterlegkeilen, weil übermäßige Feuchtigkeit auf der Rindenaußenseite dazu führt, dass diese schnell fault und sich löst. Zur Verringerung des Feuchtigkeitsverlusts kann man die Enden streichen. Die meisten Farben, Wachse oder Öle sind verwendbar, und man muss keine teuren Markenprodukte kaufen, die wahrscheinlich teurer sind als das Holz selbst. Angebrochene Farbdosen vom letzten Hausanstrich oder von der Autoreparatur, die zwar keinen Wert haben, die Sie aber ungern wegwerfen möchten, erfüllen hier ihren Zweck. Außerdem können Sie sich noch sagen, dass Sie die Farbe gut verwertet haben. Stapeln Sie die Stämme nicht übereinander, sie werden dadurch beschädigt, und normalerweise will man immer den Stamm zuerst bearbeiten, der zuunterst liegt. Sie aufrecht zu lagern ist platzsparend, und das Abdecken mit nassen Säcken verbessert die Lagerbedingungen, wenn diese nicht ideal sind. Wenn das Holz gut gelagert ist, können Sie sich entspannt der Planung widmen.

Das Holz so schnell wie möglich nach dem Fällen zu drechseln, ist die beste Möglichkeit, die natürlichen Farben und Kontraste im Holz für die fertigen Produkte zu bewahren. Sobald der Baum gefällt ist, beginnt er abzusterben und u. U. zu faulen. Die meisten Hölzer werden nach einer gewissen Zeit absolut unbrauchbar, doch bis sie dieses Stadium erreichen, können bestimmte Hölzer, insbesondere die weniger dekorativen Hölzer wie Buche, Stechpalme, Ahorn usw. hinsichtlich ihres Aussehens erheblich verbessert werden, da Fäulnis- und Pilzbefallmuster in das Holz eindringen. Fäulnis und Pilzbefall können durch warme und feuchte Bedingungen provoziert werden, aber es ist unwahrscheinlich, dass gleichzeitig die Rinde erhalten werden kann, wenn Pilzbefall vorkommt.

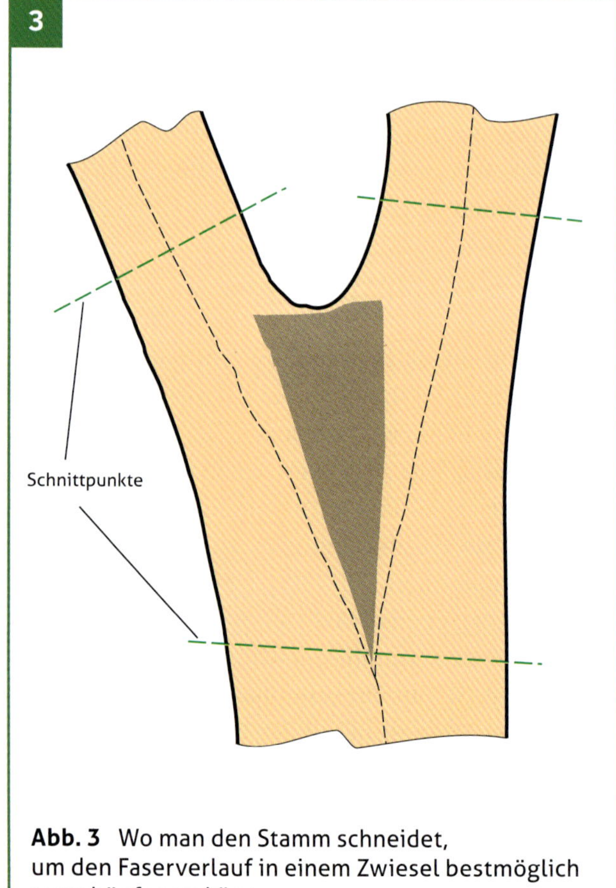

Abb. 3 Wo man den Stamm schneidet, um den Faserverlauf in einem Zwiesel bestmöglich ausschöpfen zu können

HANDELSÜBLICHES WERKZEUG

Was immer Sie auf der Drechselbank herstellen wollen, es gibt stets eine Reihe von unterschiedlichen Werkzeugen und Techniken, die Sie benutzen und anwenden können, und von unterschiedlichen Methoden, das Werkzeug zu führen. In der Tat wird oft angenommen, jeder Drechsler wende seine ganz speziellen Werkzeuge und Techniken an, selbst wenn die fertigen Stücke mit denen vieler anderer Drechsler identisch sind. Wenn Sie sich die Arbeitsmethoden der Drechsler aber genauer anschauen, werden Sie feststellen, dass sie nicht so unterschiedlich sind. Es ist nur so, dass einige besser sind als andere. Jeder Drechsler sollte die für ihn effektivste und effizienteste Methode herausfinden, um ein bestimmtes Ergebnis zu erreichen, und dabei spielt die Wahl von Werkzeug und Ausrüstung eine große Rolle.

Drechselwerkzeug

Obwohl es verwirrend viele Drechselwerkzeuge gibt, arbeitet man am besten nur mit ein paar Exemplaren. Achten Sie aber darauf, dass diese für die jeweilige Arbeit die richtigen sind (Abb. 4). In Tabelle 2 habe ich die Werkzeuge, die ich für das Drechseln von Grünholzschalen empfehlen würde, mitsamt der Grifflängen aufgelistet. Wie sie geschärft werden sollen, ist in den Abb. 6 und 7 dargestellt. Fasenform und Grifflänge sind wichtige Faktoren, um ein Werkzeug jeweils auf eine bestimmte Arbeit abzustimmen.

Tabelle 2: Handelsübliches Werkzeug

Beschreibung	Größe mm	Grifflänge mm
Röhre mit tiefem Profil	13	457
Röhre mit flachem Profil	13	356
Schrupppröhre	32	457
Abstechstahl	3	203
Schaber linksschneidend		
links abgerundet, schneidet mit der Seite	38	457
rechtwinklig	38	457
schräg	25	356

Spannvorrichtungen

Ich bin vom Nutzen der Spannfutter überzeugt. Sie erweitern die Bandbreite der möglichen Arbeiten und erhöhen den Produktionsausstoß. Es geht nicht nur darum, ein Spannfutter zu besitzen, sondern darum, ein für Ihre Anforderungen geeignetes Spannfuttersystem zu haben, das Sie sich über die Jahre zusammenstellen können. Abb. 5 und 8, s. S. 44

Abb. 4 Eine Auswahl von Werkzeugen, die für das Grünholzdrechseln geeignet sind. *Von links nach rechts:* Schrupppröhre; linksschneidender, links abgerundeter Schaber, der mit der Seite schneidet; linksschneidender, rechtwinkliger Schaber; schräger Schaber; Abstechstahl; Röhre mit flachem Profil; Röhre mit tiefem Profil

Abb. 5 Spannfutter für das Grünholzdrechseln. *Von links nach rechts:* Schraubfutter; Stiftfutter (Befestigungsstift nicht abgebildet); Planscheibe; Vierbackenspannfutter mit O'Donnell-Klemmbacken

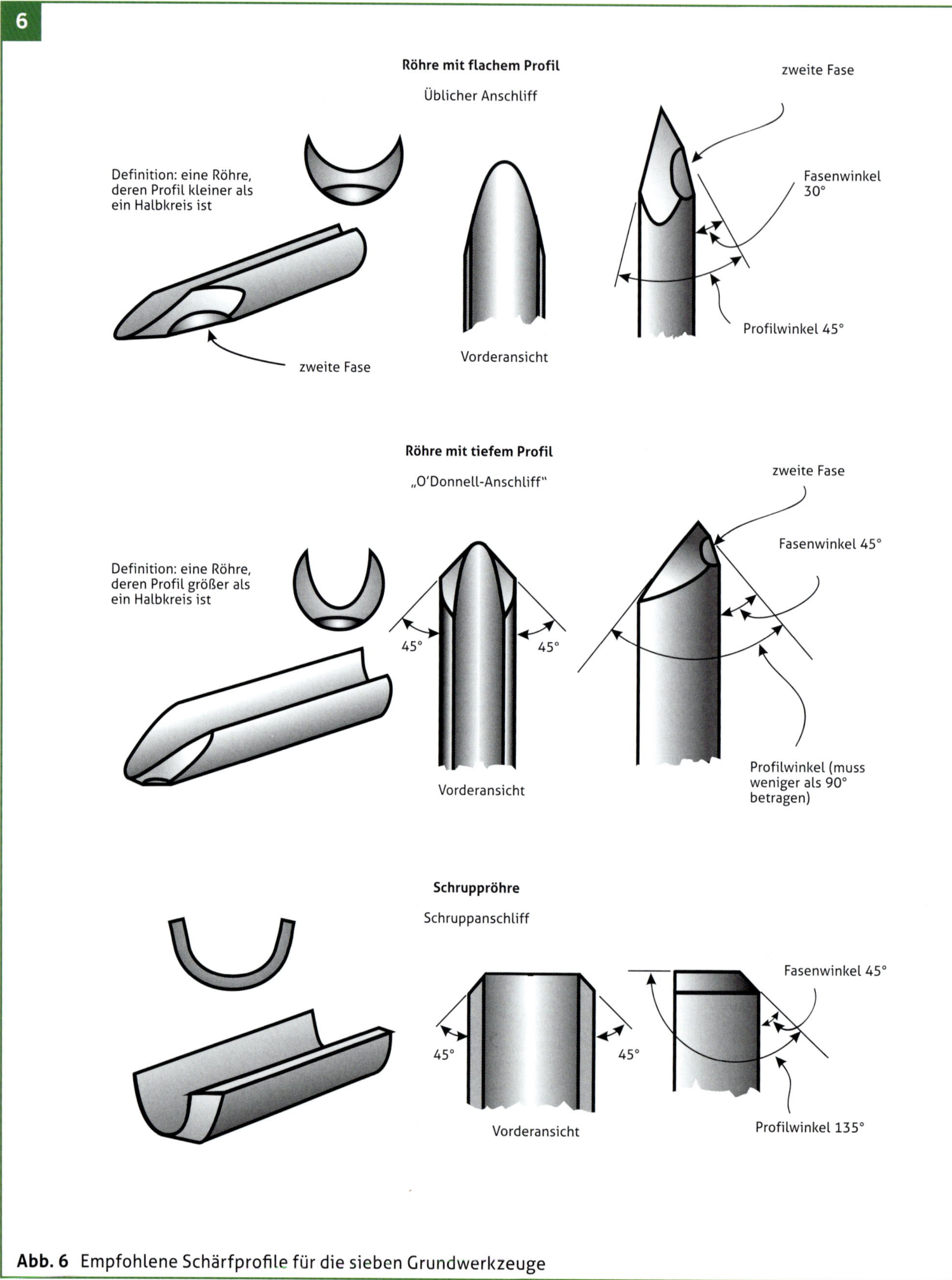

Abb. 6 Empfohlene Schärfprofile für die sieben Grundwerkzeuge

7

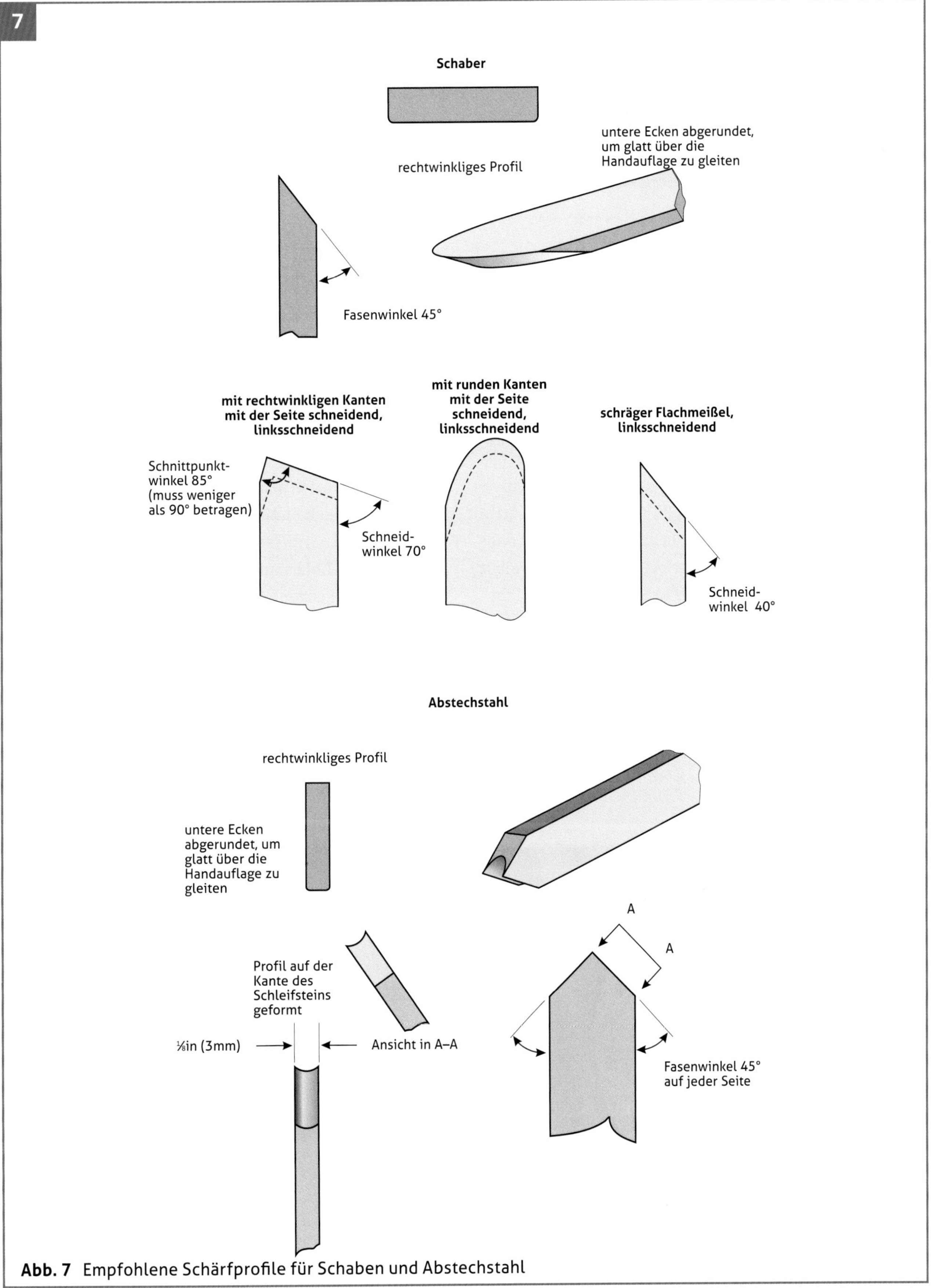

Abb. 7 Empfohlene Schärfprofile für Schaben und Abstechstahl

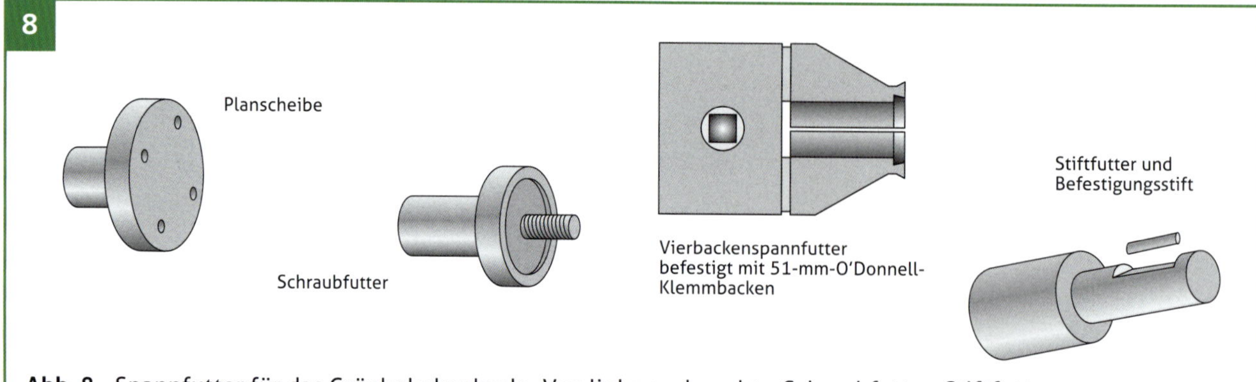

Abb. 8 Spannfutter für das Grünholzdrechseln. Von links nach rechts: Schraubfutter; Stiftfutter (Befestigungsstift nicht abgebildet); Planscheibe; Vierbackenspannfutter mit O'Donnell-Klemmbacken

Planscheiben

Die Grundlage jedes Spannfuttersystems ist die **Planscheibe** (Abb. 8). Sie kam in den frühen 1980er-Jahren mit der Einführung der Multifunktionsfutter aus der Mode, wurde jedoch in den 1990er-Jahren durch das Aufkommen des Schraubakkus, mit dessen Hilfe sie zu einer guten Spannvorrichtung wird, wieder entdeckt. Für bestimmte Fälle ist die Planscheibe selbst die beste Aufspannmöglichkeit (Abb. 9), wenn die Platte die richtige Größe hat und die richtigen Schrauben verwendet werden. Eine Planscheibe mit einem Durchmesser von 102 mm erfüllt die meisten Anforderungen. Größere können klobig sein und den Zugang zum Schalenboden beeinträchtigen, obwohl sie für sehr große Arbeiten notwendig sind.

Schlitzschrauben sind mit einem Schraubakku schwer zu handhaben, weil die Spitze leicht herausrutschen kann. Eine Spitze mit passendem Kreuzschlitzaufsatz ist besser. Nehmen Sie alternativ Sechskantschrauben, die sich mit einem Schraubakku leichter ins Holz eindrehen lassen, und benutzen Sie dann falls nötig einen Schraubschlüssel, um sie endgültig festzuziehen. Für Querholz- und schwere Hirnholzarbeiten ist eine schwere Schraube mit großem Gewinde, wie z. B. eine Schlossschraube ideal. Bei einer leichten Hirnholzarbeit, insbesondere bei Weichholz, benutze ich eine leichtere Schraube mit feinerem Gewinde, wie man sie für Faserplatten nimmt, weil sie sich besser im Hirnholz festklemmen. In bestimmten Fällen kann die Planscheibe auch mit Klötzen aus Abfallholz und Leim verwendet werden.

Abb. 9 Basisplanscheibe

Abb. 10 Schraubfutter

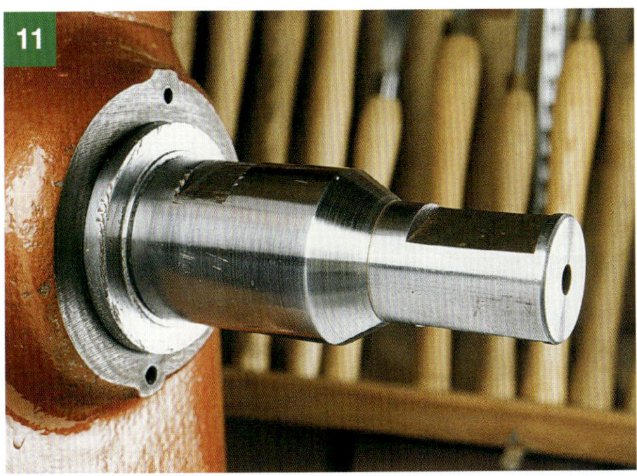

Abb. 11 Ein gediegenes Stiftfutter mit oben sichtbarer Vertiefung für den Befestigungsstift

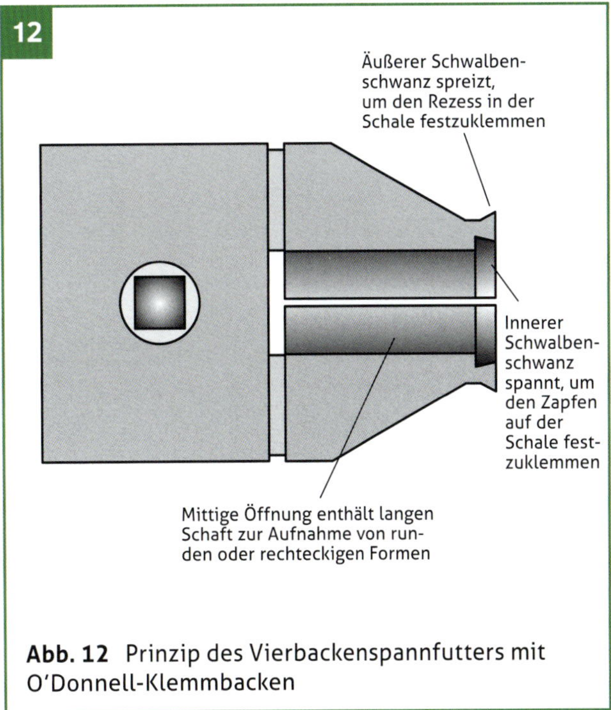

Abb. 12 Prinzip des Vierbackenspannfutters mit O'Donnell-Klemmbacken

Abb. 13 Vierbackenspannfutter; zwei der O'Donnell-Klemmbacken wurden abgenommen, um den Blick ins Innere freizugeben

Schraubfutter

Es gibt eine wichtige Gruppe von Spannfuttern mit großer Spannwirkung, mit denen eine Schale beim Drehen der Außenseite besonders gut oben gehalten werden kann. Ihre Konstruktion ist wichtig: sie haben einen Durchmesser von etwa 89 mm, einen Rand und eine von der Größe her günstige Schraube. Ist das Spannfutter einmal auf der Drehbank montiert, können die Rohlinge schnell aufgespannt und wieder abgenommen werden, wenn Sie zuvor das Führungsloch in der richtigen Größe gebohrt haben. Es handelt sich hier um eine einfache, kostengünstige und effektive Spannvorrichtung. Ich benutze am liebsten ein Schraubfutter wie in Abb. 10 dargestellt.

Stiftfutter

Derzeit bestehen Stiftfutter aus zwei Stiften, dem großen in der Mitte zur Stabilisierung und Zentrierung, und dem zweiten, der in der Schale verankert wird. Sie sind als 25-mm- und 38-mm-Futter erhältlich. Für das Drechseln von Grünholz ist das 25-mm-Modell mit der flachen Stiftvertiefung im allgemeinen nicht geeignet, weil der Befestigungsstift so klein ist, dass er sich ins weiche Grünholz eingräbt und das Holz infolgedessen auf dem großen Stift rotiert. Die 38-mm-Stifte sind gut geeignet. Ich habe damit unregelmäßig geformte 508–152 mm große Rohlinge absolut sicher gedrechselt. Wenn das Stück zu klein ist, um in einem 38-mm-Stiftfutter gehalten zu werden, nehmen Sie einen 25-mm-Stift mit zwei Befestigungsstiften oder ein Schraubfutter. Auch hier habe ich gerne ein einzelnes Stiftfutter (Abb. 11), das sich zum Drechseln von schweren Schalen oder solchen mit Naturrand besser eignet.

Spreiz- und Spannfutter

Hierbei handelt es sich um zwei wesentliche Möglichkeiten, das Holz festzuspannen. Die spreizenden Klemmbacken greifen in einen schwalbenschwanzförmigen Rezess im Holz, während die spannenden Klemmbacken auf einen schwalbenschwanzförmigen Zapfen greifen. Die Benutzerfreundlichkeit beider Arten hängt von der Konstruktion des Futters ab,

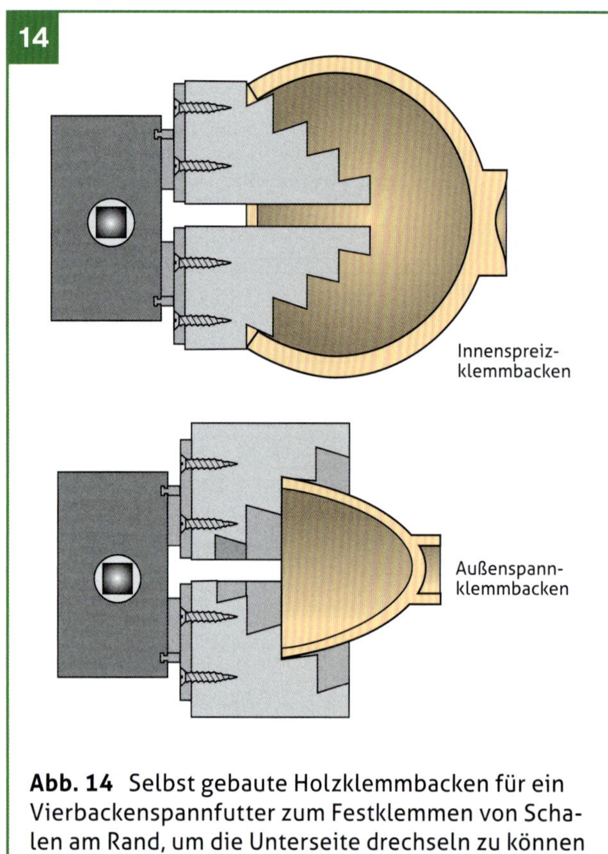

Abb. 14 Selbst gebaute Holzklemmbacken für ein Vierbackenspannfutter zum Festklemmen von Schalen am Rand, um die Unterseite drechseln zu können

Abb. 16 Außenklemmbacken aus Holz als Spannfutter; zwei Klemmbacken wurden abgenommen, um den Blick ins Innere freizugeben

Abb. 15 Innenklemmbacken aus Holz als Spreizfutter

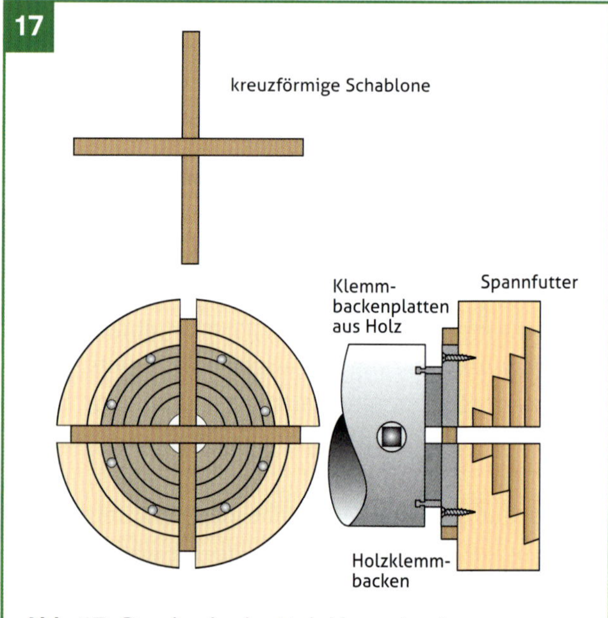

Abb. 17 Drechseln der Holzklemmbacken; die Metallplatten werden auf einer kreuzförmigen Holzschablone eingespannt, um sicherzustellen, dass sie sich in der Mitte befinden

die bestimmt, wie weit sich die Klemmbacken bewegen können, wie genau der Zapfen oder der Rezess ausgeführt sein müssen und wie einfach sich das Futter bedienen lässt, d. h. mit einem Hebel oder einem Schlüssel. Ich bevorzuge selbstzentrierende, mit Schlüssel zu bedienende Vierbackenspannfutter, weil sie einfach zu benutzen sind und die Klemmbacken großen Spielraum haben. Die mit Druck arbeitenden Klemmbacken sind für das Schalendrehen am besten geeignet, da sie das Schalendesign nicht beeinflussen (Abb. 3.11 und 3.12).

Klemmbackenplatten aus Holz können ebenfalls auf einem Vierbackenspannfutter benutzt werden und sind eine ideale Möglichkeit, fertige Schalen am Rand aufzuspannen, um die Unterseite zu bearbeiten. Auf die Klemmbackenplatten aus Holz werden Holzsegmente aufgeschraubt, in die schwalbenschwanzförmige Stufen gedrechselt werden, so dass Schalen mit unterschiedlichsten Durchmessern eingespannt werden können. Sie können so ausgelegt werden, dass sie je nach Form des Randes entweder Spreiz- oder Spannwirkung haben (Abb. 3.13–3.15). Beim Drechseln dieser Stufen sollten sich die Klemmbacken des Spannfutters mittig befinden, damit sie beim Einsatz der Holzklemmbacken ausgehend von ihrer Ausgangsgröße entweder spreizen oder spannen. Dazu sollten die Metallplatten auf einer etwa 6 mm dicken kreuzförmigen Schablone eingespannt werden, damit sie beim Drechseln der Holzklemmbacken in Position bleiben (Abb. 3.16).

Zusätzliche nützliche Ausrüstung

- Stahlrohrbügelsäge
- Schraubakku mit Sechskanteinsatz
- Handelektrobohrer mit 3000 Umdrehungen/Minute für das maschinelle Schleifen
- weiche Schleifteller mit 51 und 76 mm Durchmesser für das maschinelle Schleifen
- Schleifscheiben mit 76 mm Durchmesser mit 100er-, 120er-, 180er- und 240er-Körnung. Die Scheiben passen auf die 51-mm-Schleifteller und können um die Seite gelegt werden, wenn an engen Stellen und geraden Seiten gearbeitet werden muss
- Mobile Lampe zum Durchleuchten des Holzes, um die Holzdicke im Auge zu behalten
- Stabile weiße Plastikplatte hinter dem Arbeitsplatz zur Verbesserung der Sicht bei Arbeiten an unterbrochenen Kanten
- Ein kleiner Kompressor mit Lackierzubehör, um verzogene Schalen mit schnelltrocknenden Oberflächenmitteln behandeln zu können, nachdem man sie aus der Drechselbank ausgespannt hat.

Als ich begann, Grünholz zu drechseln, war ein wesentliches Zubehörteil in meiner Werkstatt eine Gießkanne. Mit ihr halte ich das Holz beim Drechseln feucht, damit es nicht trocknet und sich auf der Drehbank verzieht. Eine unbeheizte Werkstatt kann den Trocknungsvorgang ebenfalls verringern, wobei ich es im Winter für erforderlich halte, warmes Wasser zu verwenden.

WARNUNG

Ich bin der Meinung, dass man bei den Profidrehbänken eine Gießkanne sicher benutzen kann, weil die gesamte Elektrik in einem gusseisernen Unterteil untergebracht ist. Gießen Sie niemals Wasser auf das Werkstück, wenn die Elektrik ungeschützt ist oder das Wasser in sie eindringen kann!

TECHNIKEN

SCHALENDREHRÖHRE

Abb. 1 Schalendrehröhre

Schätzungsweise 99% der Drechselarbeit an den Werkstücken in diesem Buch werden mit einem einzigen Werkzeug ausgeführt, der Schalendrehröhre (Abb. 1). Sie nimmt viel Material ab, ergibt aber dennoch eine sehr hohe Oberflächengüte. Es ist eines der vielseitigsten und am einfachsten zu verwendenden Werkzeuge des Drechslers. Die Stärke der Schalendrehröhre ist das Querholzdrehen von Schalen, aber auch beim Langholzdrechseln parallel zur Holzfaser leistet sie gute Arbeit. Wenn man die Funktion dieses Werkzeugs und seine Verwendung versteht, trägt das zum Verständnis aller anderen Drechselwerkzeuge bei. Meine Schalendrehröhre misst 13 mm (15 mm Durchmesser), und hat einen 457 mm langen Griff. Ich verwende sie für alles von den größten Schalen bis hinab zu zierlichen kleinen Kelchen mit fast durchsichtigen Wandungen.

Schärfen

Beim Schärfen schleife ich neuerdings an der Schalendrehröhre (und der Schalendrehröhre) eine flache Fase und eine zusätzliche Sekundärfase (Abb. 2) an. Seit dem Erscheinen der ersten Auflage dieses Buches vor 20 Jahren habe ich in Bezug auf das Schärfen der Werkzeuge eine Epiphanie erlebt. Ich habe den Grund für die Wellen entdeckt, die manchmal auf der Oberfläche meiner Drechselarbeiten entstanden. Meist tauchten diese Wellen auf, wenn ich mit der Schalendrehröhre oder der Flachröhre direkt eingestochen hatte. Sehr viel seltener kam es beim unterstützten Einstich dazu.

Es stellte sich heraus, dass der Welleneffekt durch die gebogene Schneide meiner Schalendrehröhre und Flachröhre verursacht wurde. Um mich zu vergewissern, dass dies der Grund des Problems war, und um eine Lösung zu finden, führte ich einige Versuche durch. Ich verwendete ein Schalendrehröhre mit einer langen Fase und einem Fasenwinkel von 30° um das Ende einer Spindel plan zu drehen. Dabei entstanden deutliche Wellen (Abb. 3). Ich führte die gleiche Arbeit mit einer Schalendrehröhre mit einem Fasenwinkel von 45° und einer kürzeren Fase durch. Der Welleneffekt entstand zwar immer noch, war aber deutlich geringer. Dann verkürzte ich die Fase an der Schalendrehröhre um zwei Drittel, indem ich eine Sekundärfase anschliff, und wiederholte den Schnitt. Mit der verkürzten Fase wurde der Welleneffekt deutlich reduziert. Schließlich schärfte ich die Schalendrehröhre am Bandschleifgerät unter Beibehaltung des Fasenwinkels von 30° um eine flache Fase zu erhalten. Simsalabim! Problem gelöst (Abb. 4)! Jetzt schärfe ich meine Werk-

Abb. 2 Sekundärfase an der Schalendrehröhre

Abb. 3 Die Auswirkung einer geschwungenen Fase am Ende einer Spindel, die mit einer Schalendrehröhre mit einem Fasenwinkel von 30° bearbeitet wurde. Die Fase wurde an einer Scheibenschleifmaschine mit 150 mm Durchmesser angeschliffen, was zu einer langen, gebogenen Fase führt.

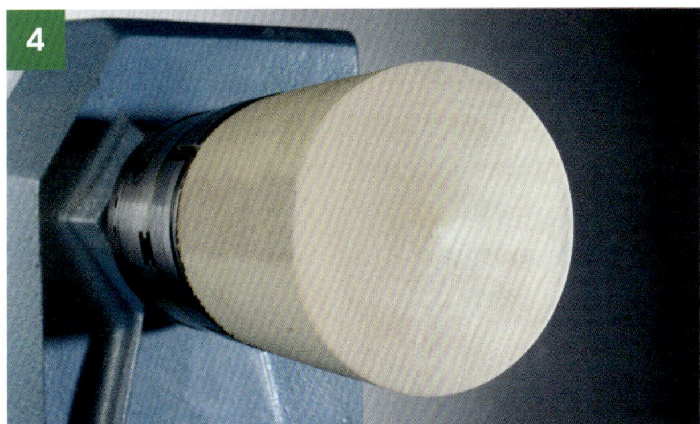

Abb. 4 Hier wurde das Ende mit der gleichen Schalendrehröhre und dem gleichen Fasenwinkel bearbeitet. Geschliffen wurde jedoch an einem Bandschleifgerät, was zu einer ebenen Fase führt. Die Schnitttechnik war die gleiche, aber die Ergebnisse vielen radikal anders aus.

Abb. 5 Das Schärfen einer Röhre an einem Scheibenschleifgerät. Das Werkzeug wird mit den Fingern auf einer kalibrierten Werkzeugauflage gehalten.

zeuge an einem Bandschleifgerät, um eine flache Fase zu erhalten. Die Schalendrehröhren statte ich aber außerdem noch mit einer Sekundärfase aus.

Die Sekundärfase erbringt auch noch einen Zusatznutzen, weil das Werkzeug auf der Innenseite einer konkaven Fläche viel leichter zu kontrollieren ist, wenn die Entfernung zwischen der Schneide und dem Drehpunkt (dem Fasenabsatz) geringer ist.

Das gilt gleichermaßen für flache und konkave Fasen. Die meisten Fotos in diesem Buch stammen aus der ersten Auflage, deshalb haben die abgebildeten DF und SF röhren nur eine Fase. Auch bei den Arbeitszeichnungen habe ich die Darstellung mit einer einzelnen Fase beibehalten, weil man so die Auswirkung der Primärfase auf die Kontrolle des Schnitts erkennen kann.

Abb. 6 Das Schärfen einer Röhre an einem Bandschleifgerät. Das Werkzeug wird mit den Fingern auf einer kalibrierten Werkzeugauflage gehalten.

Beim Drechseln von Grünholz, das meist eher weich ist, müssen die Werkzeuge stets sehr scharf sein. Ich schärfe meine Werkzeuge in kurzen Abständen – alle paar Minuten – immer wieder an einer Bandschleifmaschine mit einer kalibrierten Werkzeugauflage (Abb. 5 und 6). Dafür muss die Schleifmaschine nach an der Drechselbank und etwas höher als diese stehen. Die kalibrierte Werkzeugauflage beschleunigt das Schärfen, weil man sich das Rätselraten in Bezug auf die Fasenwinkel erspart.

Abb. 8 Das Ermitteln der idealen Höhe der Drehachse für das Schalendrechseln

Körperhaltung

Schauen Sie sich Menschen an, die in einer Schlange stehen, vor allem deren Füße. Die stehen wahrscheinlich etwa 20 cm auseinander, die Zehen sind etwas nach außen gerichtet und die Beine ziemlich gerade. Hierbei handelt es sich um eine entspannte und physisch inaktive „statische Körperhaltung" – eben ganz ideal zum Schlange stehen. Sehen Sie sich dann einen Boxer oder Fechter in Aktion an. Seine Haltung ist vollkommen anders: Der eine Fuß steht weit vor dem anderen, die Knie sind gebeugt, und er ist ständig in Bewegung. Eine solche „dynamische Körperhaltung" gewährleistet Kraft, Bewegung und Agilität (Abb. 7). Ein Tischler nimmt, wenn er ein Holzstück hobelt, eine dynamische Haltung ein, stellt einen Fuß auf einer Linie mit dem Schnitt weit vor den anderen. Eine dynamische Körperhaltung gibt Ihnen die Kraft und Beweglichkeit, um auch den feinsten Schnitt auszuführen und zu kontrollieren, erlaubt es Ihnen aber auch, sich seitwärts zu bewegen und das Werkzeug im Bogen um Kurven zu führen.

Abb. 7 Die dynamische Körperhaltung

Die Höhe der Drechselbank

Drechselbänke sind ein bisschen wie Kleidungsstück – sie müssen dem Drechsler „passen", damit er das Beste aus ihnen herausholen kann. Da eine Drehbank eine feste Höhe hat, haben Sie sich darüber vermutlich kaum Gedanken gemacht. Die richtige Höhe kann sich aber deutlich auf Ihre Leistungsfähigkeit auswirken. Ist sie zu niedrig, müssen Sie sich über die Arbeit beugen, ist sie zu hoch, haben Sie nicht die nötige Manövrierfähigkeit und Kraft am Werkzeug. Dem können Sie abhelfen, indem Sie entweder die Drehbank höher machen, oder sich selbst.

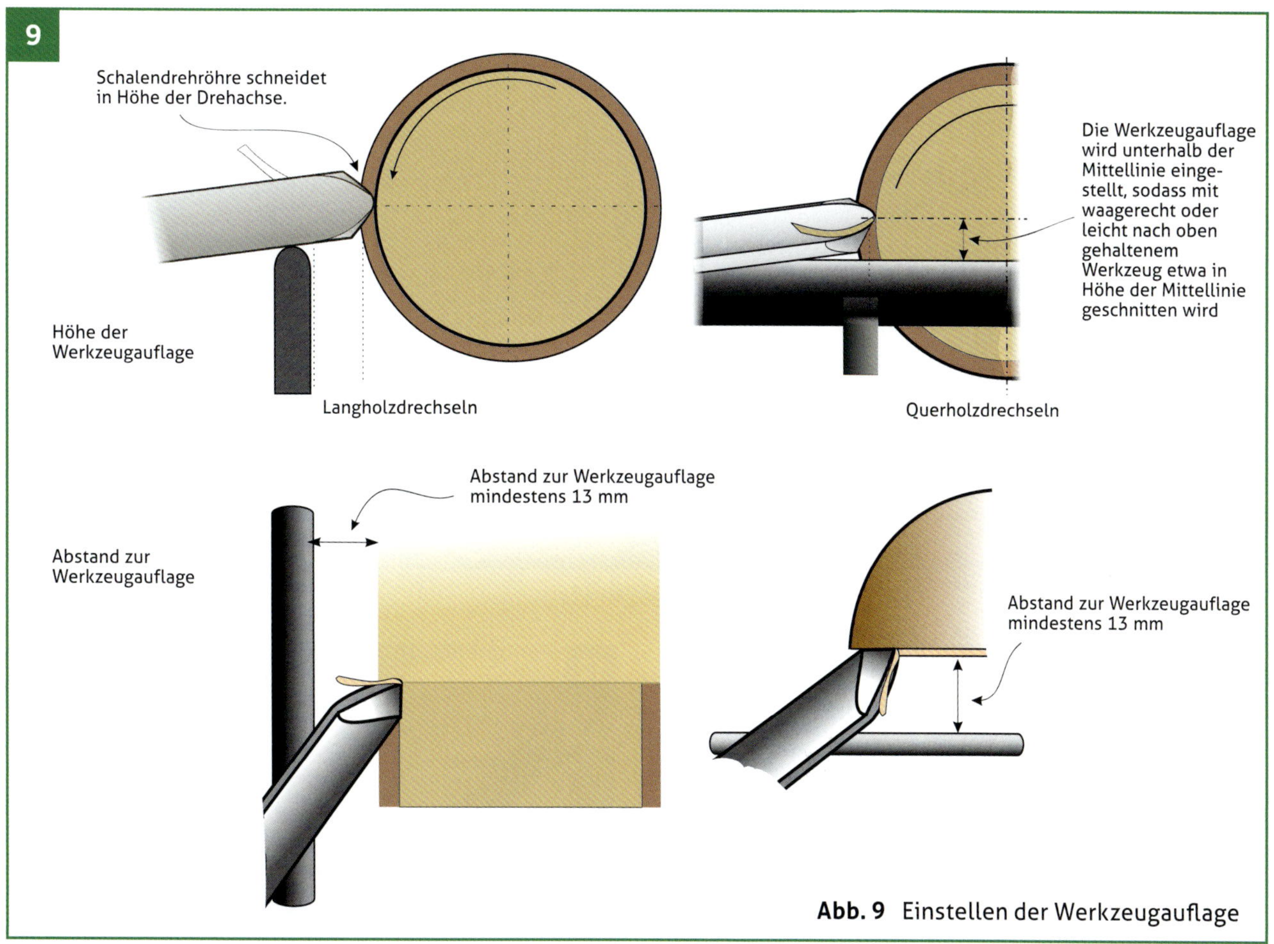

Abb. 9 Einstellen der Werkzeugauflage

Die ideale Drehachsenhöhe für das Schalendrechseln zu ermitteln, ist ganz einfach. Man nimmt beispielsweise eine Schalendrehröhre, dreht sich mit dem Rücken zur Drehbank und führt in bequemer Haltung eine Schnittbewegung an der Außenseite einer gedachten Schale Langholz aus (Abb. 8). Bleiben Sie in dieser Haltung, und messen Sie die Höhe vom Boden bis ca. 25 mm unter der Werkzeugschneide (oder noch besser von jemandem messen lassen). Das entspricht der Höhe der Drehachse für das Schalendrehen. Ich habe nach der Messung meiner Drehbank um 150 mm höher gestellt.

Werkzeugauflage

Die Auflagenhöhe bestimmt, in welchem Winkel das jeweilige Werkzeug an das Holz herangeführt wird und wie komfortabel Sie es benutzen können. Die Schalendrehröhre sollte in etwa auf die Drehachse der Drechselbank weisen, entweder waagerecht oder mit einer leichten Neigung. Bei einer Röhre mit 15 mm Durchmesser läge die Werkzeugauflage dann 8–13 mm unterhalb der Drehachse.

Ich stelle die Werkzeugauflage so ein, dass sie etwa 13 mm Abstand zum Werkstück hat (Abb. 9). Bei einem geringeren Abstand liegt die Fase auf der Auflage auf, oder das Werkzeug greift ins Holz, bevor Sie soweit sind. Der Abstand gibt Ihnen Zeit, den Schnitt richtig anzusetzen und kontrolliert in das Holz einzuschneiden. Mit dieser Schalendrehröhre, die lang und kräftig ist, kann ich weiter arbeiten, wenn sich der Abstand auf 50 mm vergrößert, weil ich Holz abnehme.

Halten des Werkzeugs

Wie Sie die Schalendrehröhre halten, ist der letzte Bestandteil der Beherrschung des Drechselvorgangs. Eine Hand hält den Griff, die andere die Klinge. Die Führungshand ist die, die den Griff hält. Sie übt die meiste Kraft aus und die für einen Schnitt und eine Form erforderliche Bewegung. Die Hand, die die Klinge hält, ist die

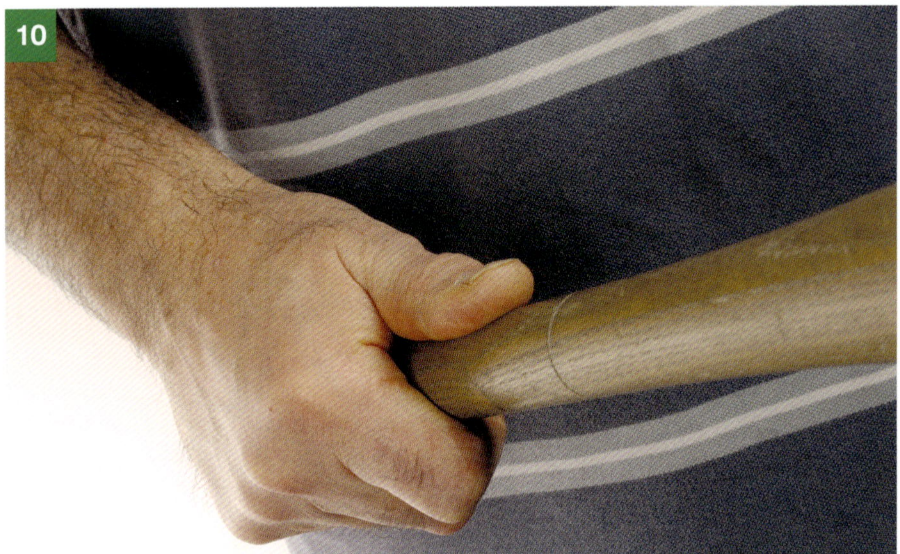

Abb. 10 Fester Griff der Führungshand

Abb. 11 Griff der Führungshand

Stützhand. Sie ist für Feinabstimmungen des Schnitts verantwortlich, lässt das Werkzeug fest auf der Auflage aufliegen und die Fase am Holz anliegen. Die Stützhand zieht das Werkzeug zurück oder schiebt es vor.

Es gibt für beide Hände verschiedene Griffmöglichkeiten, die auch davon abhängen, welcher Schnitt ausgeführt werden soll. Bei meinen meisten Schnitten berührt meine Stützhand die Werkzeugauflage nicht, weil so die Richtung der Fase bestimmt wird. Die wichtigste Ausnahme ist beim direkten Einschneiden ins Holz; dann berührt meine Hand die Werkzeugauflage. Erst wenn ich Kontrolle über die Fase habe, nehme ich die Hand von der Werkzeugauflage.

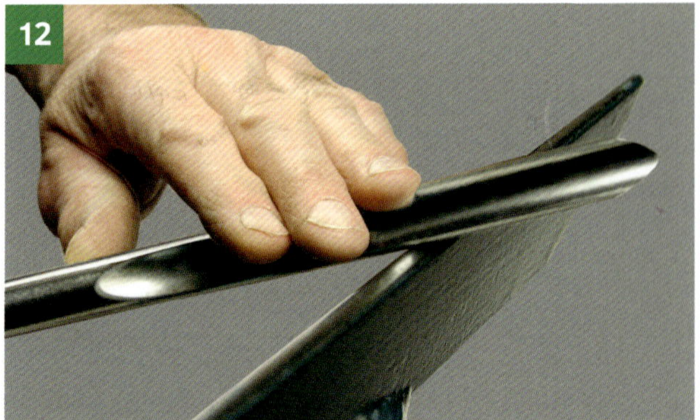

Abb. 12 Stützhand mit Fingergriff

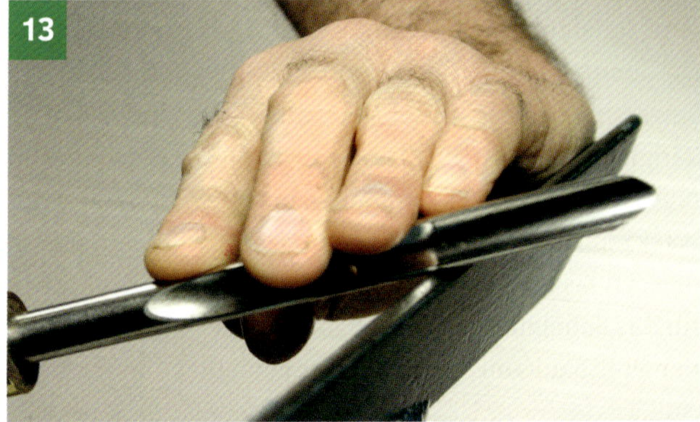

Abb. 13 Stützhand mit Fingergriff: Handballen liegt auf der Werkzeugauflage auf.

Die Führungshand

Für die Führungshand gibt es zwei Griffmöglichkeiten.

Fester Griff

Nehmen Sie das Ende des Werkzeuggriffs so in die Hand, dass der Daumen oben liegt und zur Klinge gerichtet ist (Abb. 10). Der oben liegende Daumen bietet mehr Bewegungsfreiheit als der um den Griff fassende. Der feste Griff ist geeignet für großen Holzabtrag an großen, einfachen Formen sowie für gerade Schnitte und lange Kurven, wo man das Werkzeug nur wenig oder gar nicht drehen muss. Dieser Griff ist für die meisten Arbeiten mit der Schalendrehröhre geeignet.

Flexibler Griff

Man hält den Werkzeuggriff dort, wo er am schmalsten ist, mit den Fingerspitzen und dem Daumen (Abb. 11). In dieser Griffstellung lässt sich das Werkzeug leicht drehen. Geeignet für sehr feine, detailreiche Schnitte, bei denen das Werkzeug gedreht werden muss, um die Formen herauszuarbeiten.

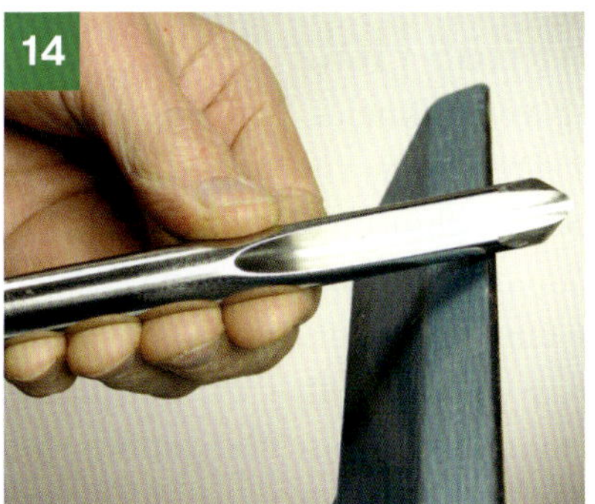
Abb. 14 Stützhand, Werkzeug von unten gehalten

Abb. 15 Stützhand mit oben liegendem Daumen; die Fingerrücken liegen auf der Werkzeugauflage auf, um direkt einzuschneiden

Abb. 16 Drechseln einer dünnwandigen Schale mit obenliegendem Daumen

Stützhand

Fingergriff

Es ist der einfachste Griff für die Stützhand. Die geraden Finger liegen so auf der Klinge, dass die Hand die Auflage nicht berührt. In dieser Position liegt das Werkzeug fest auf der Auflage und die Finger können das Werkzeug entweder vorschieben oder zurückziehen und die Fase an das Holz bringen (Abb. 12). Dieser Griff ist geeignet für lange, gleitende Schnitte mit der Schalendrehröhre.

Wenn direkt eingeschnitten wird, liegt der Handballen auf der Werkzeugauflage und die Finger werden auf dem Werkzeug platziert, um es nach vorne zu bewegen, während man die Kontrolle über die Fase erlangt (Abb. 13). Die Berührung der Werkzeugauflage mit der Hand wird im Verlauf des Schnitts reduziert.

Von unten

Hier greift man die Klinge zwischen Fingerspitzen und Daumen von unten (Abb. 14). Der Daumen liegt auf der Klinge, die Finger gegenüber, und die Hand berührt die Auflage nicht. Dieser Griff ist geeignet für große, einfache Formen wie beim Schalendrehen mit der Schalendrehröhre und für manche Detailarbeiten.

Oben liegender Daumen

Die Fingerrücken (oder der Handballen) liegen an der Auflage (ohne das Werkzeug zu berühren), der Daumen auf dem Werkzeug, um es vor oder zurück zu bewegen (Abb. 15). Nach dem Einschneiden wechselt man zurück zum Griff von unten. Beim Drehen einer dünnwandigen Schale, bei der das Holz gestützt werden muss, bleibt der Daumen oben auf dem Werkzeug, die Finger stützen die andere Seite der Schalenwandung, und der Handballen liegt auf der Werkzeugauflage, um für Stabilität zu sorgen (Abb. 16).

Abb. 17 Das Drechseln der Außenseite: die linke Hand ist die Führungshand

Abb. 18 Das Drechseln der Innenseite: die rechte Hand ist die Führungshand

An der Drechselbank aufstellen

Nachdem Sie den Rohling aufgespannt und die Werkzeugauflage für den ersten Schnitt an der Außenseite der Schale eingestellt haben, treten Sie etwas zurück, nehmen Sie eine Schalendrehröhre entweder in die rechte oder linke Hand, legen Sie sie auf die Auflage und bringen Sie die Fase in Schnittrichtung für dem ersten Schnitt vom Boden zum Oberrand. Stellen Sie sich hinter das Werkzeug, schauen Sie in Schnittrichtung auf die Fase hinab. So haben Sie eine sehr gute Kontrolle über den Schnitt, die Späne fliegen nicht in Ihre Richtung, und Sie stehen nicht im Gefahrenbereich. In dieser Position hält die linke Hand den Werkzeuggriff, ist also die Führungshand, und die rechte Hand hält die Klinge, wird also zur Stützhand (Abb. 17).

Beim Drehen der Innenseite der Schale gehen Sie genauso vor, aber jetzt wird die rechte Hand zur Führungshand und die linke zur Stützhand (Abb. 18). Das ist der Augenblick, in dem man feststellt, dass man zu einem besseren Drechsler wird, wenn man zumindest etwas beidhändig ist. Es mag sich zuerst etwas merkwürdig anfühlen, wird aber sehr schnell ganz normal. Wenn man an einer Schalendrehbank oder einer Bank mit schwenkbarem Spindelkasten arbeitet, ist es kein Problem, diese Haltung einzunehmen. Bei einer Drehbank mit langem Bett kann dieses im Weg sein, wenn man die Außenseite der Schale bearbeitet. In solchen Fällen setze ich mich manchmal auf das Bett oder stelle mich sogar auf der gegenüberliegenden Seite der Drehbank auf.

Einstechen in das Holz

Die erste Berührung von Schneide und Holz ist der wichtigste Teil des Schnittes. Ein glatter Einstich bedeutet einen sauberen Schnittverlauf und eine saubere Form. In der Tat ist sie ausschlaggebend für den Rest des Schnittes. Ein schlechter Einschnitzt kann dazu führen, dass das Werkzeug über die Oberfläche des Rohlings rutscht und unerwünschte Spiralen einschneidet. Es gibt zwei Arten, in das Holz einzustechen.

Unterstützter Einstich

Beim unterstützten Einstechen berührt als Erste die Fase das Holz. Das bedeutet Halt und Stabilität, wenn die Werkzeugschneide Kontakt mit dem Holz bekommt. Unterstützt sticht man dort ein, wo es auf der Holzoberfläche einen glatten Übergang gibt (Abb. 19). Bei der Schalendrehröhre berührt zuerst der Teil der Fase hinter der Schneide das Holz.

Um einzuschneiden, legen Sie das Werkzeug in eine Winkel von etwa 45° auf die Auflage und bringen Sie die Fase bis an das Holz heran. Schieben Sie dann die Röhre langsam am Holz nach vorne und schwingen Sie den Werkzeuggriff nach vorne, bis die Fase ganz am Holz anliegt. Drehen Sie das Werkzeug dann etwas weiter, bis die Schneide beginnt, einen Span abzuheben. Dann können Sie weiterschneiden.

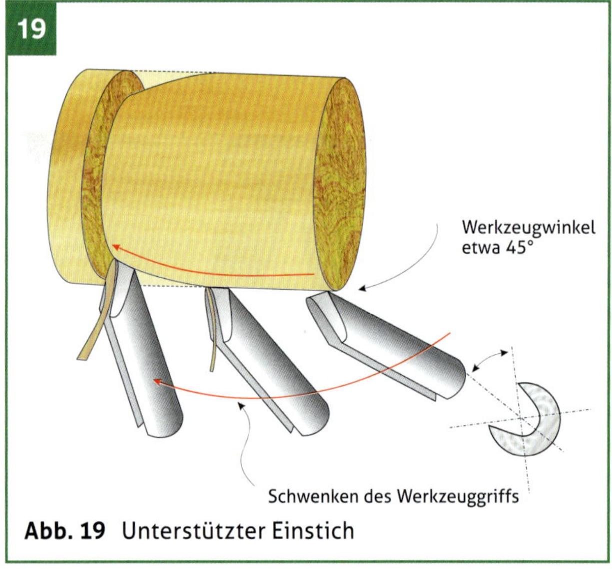

Abb. 19 Unterstützter Einstich

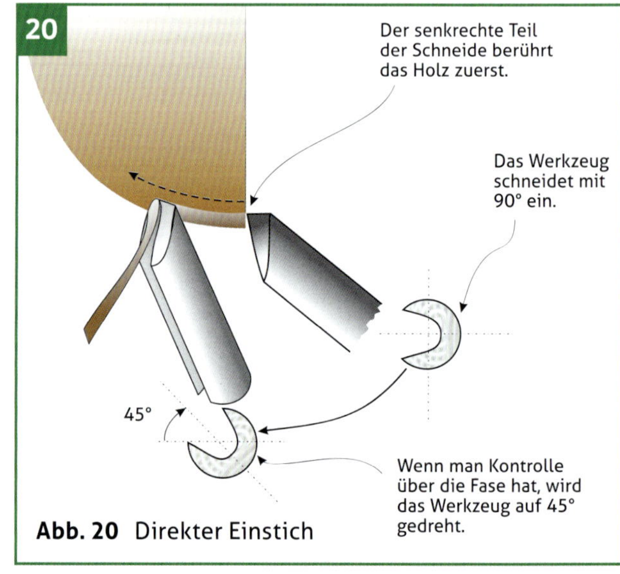

Abb. 20 Direkter Einstich

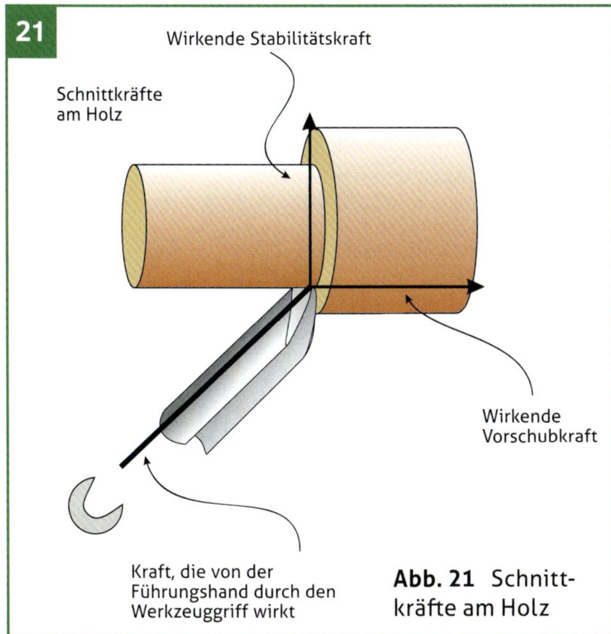

Abb. 21 Schnittkräfte am Holz

Direkter Einstich

Der direkte Einstich wird verwendet, wenn die Schnittrichtung abrupt von der Ausrichtung der Holzoberfläche abweicht, also wenn der Schnitt etwa an der Kante einer Schale beginnt. Als Erstes berührt die Schneide des Werkzeugs das Holz, also noch bevor die Fase am Holz anliegt. Deshalb muss die Stützhand auf der Werkzeugauflage liegen, um die Richtung zu bestimmen.

Legen Sie das Werkzeug in einem Winkel von 90° auf die Werkzeugauflage, um einzustechen. Richten Sie die Fase in Schnittrichtung aus, und schieben Sie das Werkzeug vor, bis die Schneide das Holz berührt. Schieben Sie das Werkzeug weiter vor, bis es in das Holz eingreift und der Schnitt angelegt ist. Drehen Sie das Werkzeug dann auf etwa 45° und führen Sie den Schnitt weiter (Abb. 20).

Das Werkzeug führen

Schnittkräfte

Wenn man mit der Führungshand auf den Werkzeuggriff Kraft aufbringt, bewegt sich die Schalendrehröhre in Richtung der Fase. Dabei entstehen zwischen der Werkzeugfase und der gedrechselten Holzoberfläche zwei Arten von Kräften. Erstere nenne ich Stabilitätskraft, die im 90°-Winkel zur Fase wirkt und die Fase am Holz hält. Die andere ist die Vorschubkraft, die parallel zur Fase wirkt und das Werkzeug durch das Holz führt.

In diesem Fall, wenn der Fasenwinkel 45° beträgt, sind diese Kräfte gleich groß. Bei einem Schnitt von etwa 5 mm Tiefe ist das Kräftegleichgewicht ungefähr gleich und für den Schnitt ist nur leichter Druck der Stützhand auf den Werkzeuggriff erforderlich (Abb. 21).

Tiefere Schnitte erfordern eine stärkere Vorschubkraft. Erhöht man jedoch die Kraft auf den Werkzeuggriff, steigt auch die Stabilitätskraft, durch die die Fase größeren Druck auf das Holz ausübt. Dieser Druck kann so stark werden, dass die Holzoberfläche eingedrückt oder sogar beschädigt wird. Um bei tieferen Schnitten die Vorschubkraft zu erhöhen, ohne die Stabilitäts-

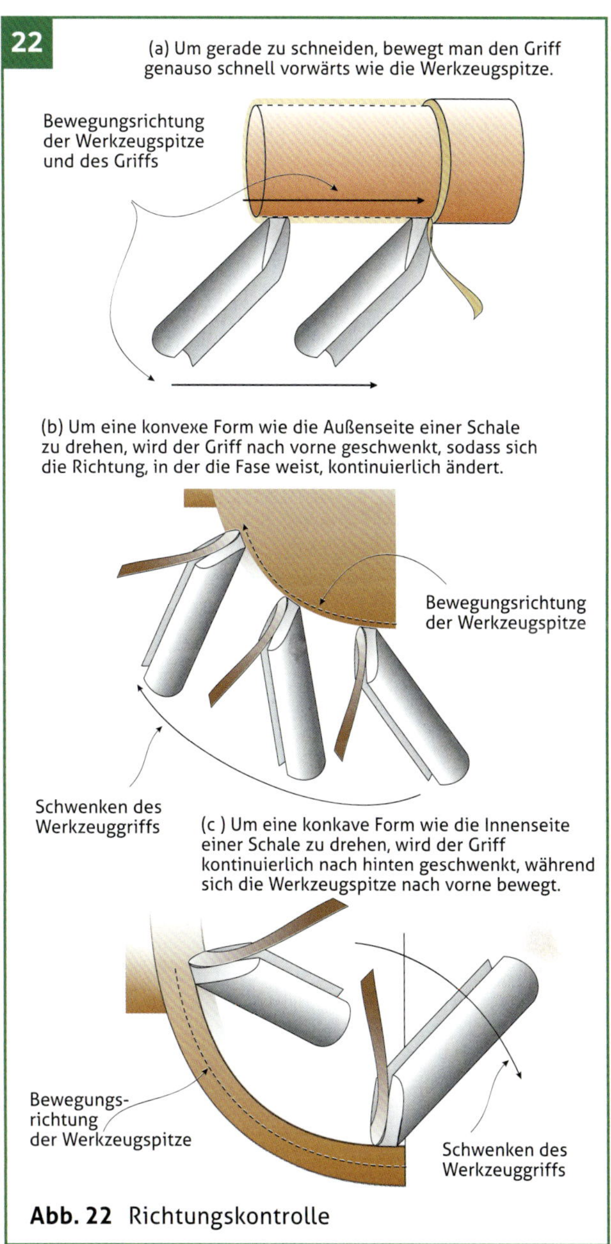

Abb. 22 Richtungskontrolle

kraft zu vergrößern, drückt die Stützhand in Richtung der Fase.

Umgekehrt verringert eine Reduzierung der Vorschubkraft für einen feineren Schnitt dagegen die Stabilitätskraft bis zu dem Punkt, an dem die Berührung zwischen Fase und Holz nicht mehr ausreicht und es zum Kontrollverlust kommt. Zur Aufrechterhaltung des Kräftegleichgewichts in dieser Situation reduziert man die Vorschubkraft, indem die Stützhand das Werkzeug in entgegengesetzter Richtung zur Werkzeugbewegung drückt. Die Erhaltung dieser Kräfte ermöglicht es, das Werkzeug während des Schnitts zu kontrollieren.

Richtungskontrolle

Erfolgt der Kontakt der Fase hinter der Schneide, läuft das Werkzeug in die Richtung, in die die Fase zeigt. Führt man das Ende des Werkzeuggriffs mit derselben Geschwindigkeit wie die Werkzeugschneide und weiter in dieselbe Richtung, schneidet das Werkzeug gerade (Abb. 22a). Schwenkt man den Griff, ändert sich die Richtung, in die die Fase zeigt, und somit auch die Schnittrichtung. Schwenkt man den Griff nach vorne, entsteht ein konvexer Schnitt wie an der Außenseite einer Schale (Abb. 22b). Schwenkt man nach hinten, schneidet man einen konkaven Schnitt wie an der Innenseite einer Schale (Abb. 22c).

Abb. 23 Einstellung der Werkzeugauflage bei der Arbeit mit Schabern

SCHABER

Abb. 24 Der Werkzeuggriff wird mit Festem Griff der Führungshand gehalten, die Klinge im Fingergriff der Stützhand.

Abb. 25 Das Werkzeug wird mit obenliegendem Daumen gehalten.

Es mag vielleicht als Überraschung kommen, aber das zweitwichtigste Werkzeug für meine Grünholzdrechselei ist der Schaber. Oder genauer: Es sind zwei Schaber. Schaber sind zweckbestimmte Werkzeuge, da sie Formen schneiden, die von der Form der Schneide vorgegeben werden. Ich habe deshalb eine Auswahl an Schabern für unterschiedliche Situationen. Beim Grünholzdrechseln verwende ich meist einen Rundschaber mit linker Schneide und eine Schaber mit Schrägschneide auf der rechten Seite. Beide Werkzeuge sind groß (38 mm bzw. 25 mm) und haben entsprechend lange Griffe. Mit ihnen arbeite ich die endgültige Form heraus und bekomme dabei ein sehr schöne Oberfläche.

Werkzeugauflage

Um einen Schaber auf die traditionelle Weise zu verwenden, also flach auf der Werkzeugauflage, wird diese etwa auf die Höhe der Drehachse und mindes-

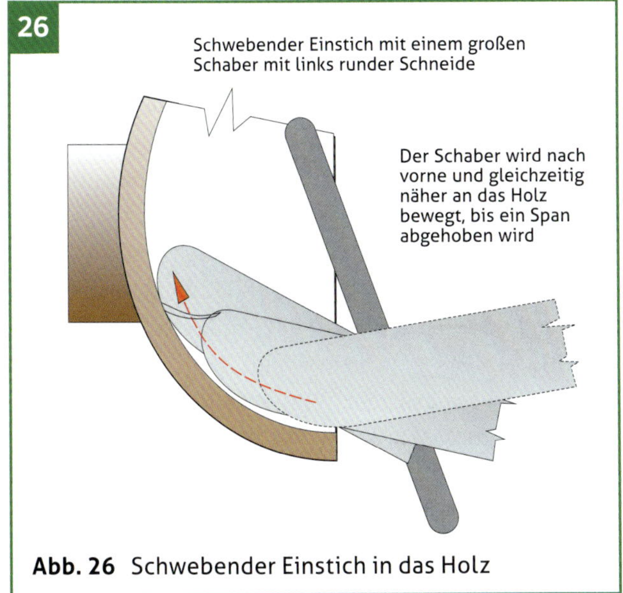

Abb. 26 Schwebender Einstich in das Holz

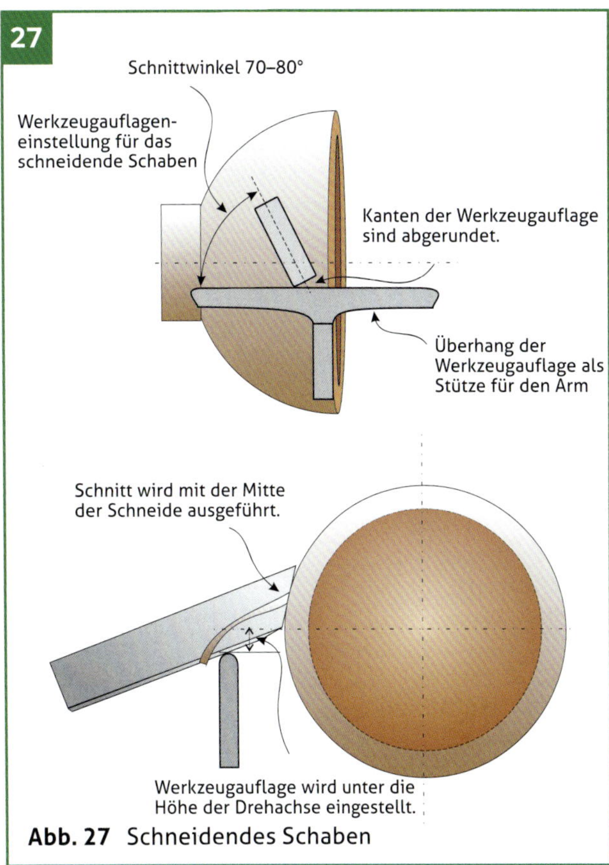

Abb. 27 Schneidendes Schaben

tens 25 mm vom Holz entfernt eingestellt (Abb. 23). So bekommt man Platz, um die Schneide bis auf die Höhe der Drehachse abzusenken und so mit einem negativen Schnittwinkel zu schneiden. Falls sich das Werkzeug dann im Holz verfängt, wird die Schneide vom Material weggeschoben. Falls der Werkzeugwinkel zu steil ist, um bequem arbeiten zu können, vergrößert man den Abstand, um den Winkel zu verringern.

Halten des Werkzeugs

Der Werkzeuggriff wird im Festen Griff gehalten, vor allem um dem langen Überhang des Werkzeugs entgegenzuwirken, da nur wenig Druck auf das Holz ausgeübt wird. Man schneidet, indem man das Werkzeug leicht über das Holz zieht und schiebt, während man es schwenkt, um stets mit dem erforderlichen Teil der Schneide zu schneiden.

Die Stützhand übt mehr Kontrolle aus und hält das Werkzeug im Fingergriff (Abb. 24) (oder je nach Situation auch im Griff mit obenliegenden Daumen wie in Abb. 25, der Handballen liegt dabei auf der Werkzeugauflage. Die Finger führen das Werkzeug leicht am Holz entlang, um Späne abzuheben.

Das Einschneiden

Bei Schabern gibt es keine Fase, die man auf das Holz auflegt. Der einzige Berührungspunkt ist die Schneide. Sobald diese also das Holz berührt, beginnt der Schnitt. Das Einschneiden findet in diesem Fall auf eine Weise statt, die ich als schwebendes Einschneiden bezeichne (Abb. 26). Ziehen Sie das Werkzeug mit der Führungshand dicht über der Holzoberfläche entlang; nutzen Sie dazu den Fingergriff oder den Griff mit obenliegendem Daumen auf der Klinge und legen Sie den Handballen auf die Werkzeugauflage. Ziehen Sie dann das Werkzeug langsam in Kontakt mit dem Holz, etwa so, wie ein Flugzeug landet. Sobald die Schneide das Holz berührt, muss das Werkzeug stets in Bewegung bleiben und mit

Abb. 28 Schneidendes Schaben mit oben liegender Hand

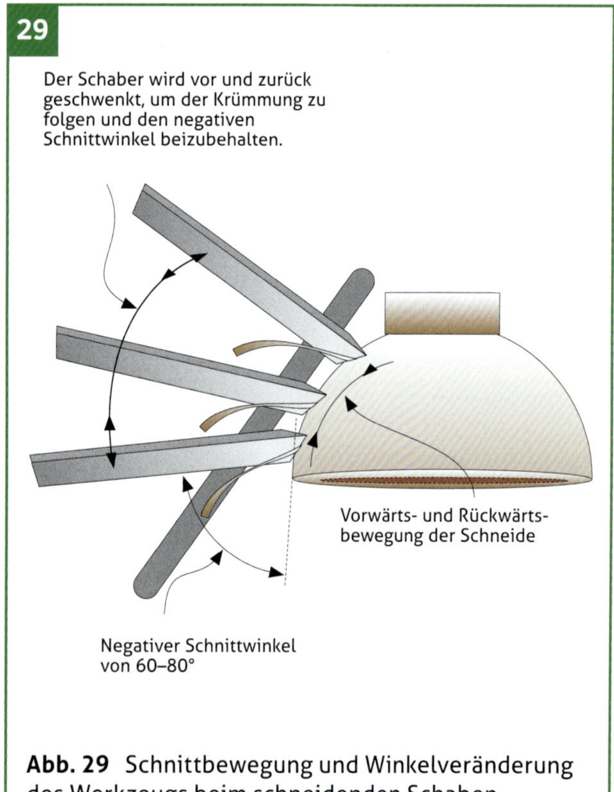

Abb. 29 Schnittbewegung und Winkelveränderung des Werkzeugs beim schneidenden Schaben

den Fingern der Stützhand vor und zurück über die Oberfläche des Holzes zu ziehen und zu schieben. Am Ende des Schnitts wird das Werkzeug vorsichtig aus der Bewegung heraus von der Holzoberfläche abgehoben.

Schneidendes Schaben

Schneidendes Schaben ist eine besondere Schnitttechnik, mit der man eine hohe Oberflächengüte erhält. Der Schaber wird nicht flach auf die Werkzeugauflage gelegt, sondern in einem Winkel von 70–80°, und liegt auf einer Kante der Klinge auf (Abb. 27). Das funktioniert nur, wenn man die scharfe Kante der Klinge abgerundet hat, damit sie auf der Werkzeugauflage gleiten kann. Ich arbeite gerne mit einem Schaber mit schräger Schneide, wenn ich schneidend schabe.

Werkzeugauflage

Stellen Sie die Werkzeugauflage um die halbe Breite des Schabers unterhalb der Drehachse ein (bei einem 25-mm-Schaber also 12–13 mm). Der Abstand zwischen Holz und näherer Schneidenecke sollte in mittlerer Höhe der Schale 6–13 mm betragen. Verwenden Sie eine lange Werkzeugauflage und lassen Sie sie soweit über den Schalenrand hinausragen wie möglich.

Der Schnitt

Verwenden Sie einen rechten Schrägschaber um die Außenseite einer Querholzschale zu bearbeiten. Stellen Sie sich so auf, dass Sie über die Werkzeugauflage und Schalenwandung auf den Rand hinab blicken.

Nehmen Sie die dynamische Körperhaltung ein (Abb. 28), und halten Sie den Werkzeuggriff im Festen Griff (siehe Seite 5s). Drehen Sie den Schaber, sodass er ein einem Winkel von 70–80° auf der Werkzeugauflage liegt und vom Boden der Schale zu ihrem Rand weist, um mit der Faser zu schneiden. Schwenken Sie den Griff zu sich, sodass der Winkel zwischen dem Werkzeug und dem Holz etwa 60–80° beträgt (weniger als 90° – negativer Schnittwinkel).

Legen Sie den Unterarm auf die Werkzeugauflage, platzieren Sie die Finger über dem Werkzeug und Griff, so dass der Daumen vorne liegt. Heben oder senken Sie den Griff, bis die Mitte der Schneide ins Holz greift. Arbeiten Sie dabei mit ausgestreckten Armen, sodass die Bewegung aus dem Körper kommt. Bringen Sie die Schneide mit einem schwebenden Einschnitt in Kontakt mit dem Holz, und wiegen Sie dann Ihren Körper nach hinten, um den Schnitt fortzusetzen. Die Schneide sollte über die Oberfläche hinweggleiten, nicht auf ihr aufliegen, und sie sollte stets in Bewegung sein. Die Späne, die dabei entstehen, sind sehr fein und lang, was beim Drechseln ein sehr befriedigendes Gefühl vermittelt. Der Schaber schneidet sowohl in der Vorwärts- als auch in der Rückwärtsbewegung. Am Ende des Werkstücks wechselt man also einfach die Richtung und schneidet weiter (Abb. 29).

Zusätzliche Werkzeuge

Bei diesen Stücken verwende ich fünf zusätzliche Werkzeuge. Zwei davon sind rechteckige Schaber – ein großer und ein kleiner –, die beide flach auf die Werkzeugauflage gelegt werden. Für das Arbeiten parallel zum Faserverlauf benutze ich eine Schrupppröhre. Die beiden anderen Werkzeuge sind eine Röhre mit flachem Profil und ein Abstechstahl, die ich beide für das Abstechen verwende.

SCHLEIFEN

Ich halte es für einen Fehler, das Schleifen nur als einen Prozess der „Endbehandlung“ anzusehen, da es eigentlich der letzte Vorgang beim Drechseln ist, bei dem Holz entfernt wird. Schleifpapier sollte genauso wie eine Röhre oder ein Meißel als Drechselwerkzeug angesehen und in ähnlicher Weise benutzt werden.

Kontrolle des Werkstücks vor dem Schleifen

Vor dem Schleifen sollte das Werkstück sehr genau geprüft werden, um sicherzustellen, dass es fertig ist. Stellen Sie fest, ob Fasern herausgerissen wurden, und entscheiden Sie, ob Sie sie am besten mit einem Werkzeug oder einem Schleifmittel entfernen. Prüfen Sie, ob die Form in Ordnung ist, denn es ist sehr langwierig, durch Schleifen zu einer bestimmten Form zu gelangen. Hoffentlich sind Ihre Hände beim Drechseln und insbesondere beim Fertigdrehen sauber geblieben. Nasses Holz nimmt leicht den Schmutz von den Händen an. Er dringt unter die Oberfläche und hinterlässt bleibende Flecken, die nur durch erneutes Schneiden entfernt werden können. Beginnen Sie erst dann mit dem Schleifen, wenn Sie glauben, dass das Werkstück bereit dafür ist. Sobald Sie damit begonnen haben, können Sie keine Schneidwerkzeuge mehr benutzen, weil kleine Schleifmittelteilchen in das Holz eindringen und jedes Werkzeug schnell stumpf machen.

Nassschleifen

Wurde das Holz saftfrisch gedrechselt, ist es noch nass, wenn Sie schleifen, insbesondere dann, wenn Sie es großzügig mit Wasser feucht gehalten haben. Damit haben Sie die Möglichkeit des Nassschleifens, eine besonders reizvolle Art zu schleifen, denn es verursacht keinen Staub und erfordert keine Schutzmaßnahmen wie beim Trockenschleifen. Es ist eine angenehme Arbeit (wenn man warmes Wasser nimmt), das Holz trocknet und verzieht sich nicht beim Drechseln. Stücke wie der Naturrandbecher aus Kapitel 10 müssen während des Drechselns geschliffen werden, daher ist das Nassschleifen hier besonders geeignet.

Es gibt Schleifmittel, die sich für das Nassschleifen besonders eignen. In der Regel haben sie einen Geweberücken (wie es sie auf Schleifbändern für Schleifmaschinen gibt) und enthalten wasserbeständigen Harzleim. Ich nehme für grobe Arbeiten das rotbraune JWT Aluminiumoxidschleifleinen von 3M-ITE, das dieselbe Farbe hat wie die Schleifteller, die für das maschinelle Schleifen im Handel sind.

Beginnen Sie mit einer groberen Körnung als bei getrocknetem Holz (80er-Körnung statt 100er-Körnung) und halten Sie einen Eimer mit Wasser bereit und einen kleinen harten Pinsel, um das Schleifmittel regelmäßig abzuwaschen. Leichtes Schleifleinen sollte feinere Körnungen haben. Dünnes Holz sollten Sie immer mit der anderen Hand unterstützen, damit die Schale sich nicht verbiegt oder bricht. Wenn Sie fertig sind, waschen Sie das Stück vor dem Trocknen in klarem Wasser sorgfältig ab.

Alternativ gibt es ein Spezialschleifmittel, welches nass oder trocken verwendet werden kann und als Nass-Trocken-Schleifmittel bekannt ist. Es wurde für Metalle und Lackarbeiten im Kfz-Bereich konzipiert, eignet sich aber auch sehr gut für Holz. Sein großer Nachteil ist die schwarze Farbe und die Tatsache, dass sich kleine Mengen davon vom Papier lösen, die selbst in die Faser der fast härtesten Hölzer dringen und im hellen Holz als winzige schwarze Fleckchen zurückbleiben. Dieses Schleifmittel kann auf dunklen und sehr feinporigen Hölzern angewendet werden.

Abb. 30 Schleifen der Innenseite der Schale mit dem Unterarm auf der Werkzeugablage zur Unterstützung und Kontrolle.

Abb. 31 Auswahl an Finishing-Ölen

Alternativ können Sie ohne Wasser schleifen. In diesem Fall nimmt der Geweberücken Feuchtigkeit auf, so dass die Oberfläche trocknet. Auch hier beginnt man mit einer groberen Körnung und schwererem Papierrücken als bei getrocknetem Holz (80er-Körnung). Benutzen Sie es, bis es staubt, und arbeiten Sie dann schrittweise mit 100er-, 150er- oder 180er- und 240er-Körnung. Bei dieser Methode kann das Trocknen der Oberfläche mit Schleifmittel teuer werden, besonders bei dickem Holz.

Trockenschleifen

Die dritte Möglichkeit besteht darin, die Oberfläche mit einer Heißluftpistole, wie man sie zum Lösen von Farben benutzt, oder mit einem Fön zu trocknen. Den Trocknungsprozess kann man am Farbwechsel an der Oberfläche beobachten. Sobald die Oberfläche trocken ist, kann sie in der üblichen Weise geschliffen werden.

Für welche Technik Sie sich auch entscheiden, beim Einsatz des Schleifmittels geht man immer ähnlich vor. Mit groben Körnungen entfernt man Oberflächenschäden und Werkzeugspuren. Man nimmt sie auch, um die Oberfläche zu glätten und Riegel zu beseitigen. Wenn man das Schleifmittel um ein paar trockene Späne oder ein Stück Stoff wickelt, kann man es gut über vorstehende Stellen führen und diese ebnen. Beim Fertigschleifen mit feineren Körnungen üben sie mit den Fingern direkten Druck auf das Schleifmittel aus, damit es den Oberflächenkonturen folgt. Ich glaube nicht, dass noch feinere Körnungen als die 240er von Vorteil sind, weil sich das Finish im Holz verteilen muss, was mit der 240er-Körnung durchaus möglich ist.

Maschinelles Schleifen

Maschinelles Schleifen ist ideal, wenn die Oberfläche des Holzes trocken ist, insbesondere bei größeren Schalen mit weiter Öffnung. Es kann ausgezeichnet sein bei Naturrandschalen, weil man durch die gleichmäßige Umdrehung der Bohrmaschine und den leichten Druck rundherum scharfe Kanten produziert (Abb. 30). Stellen Sie die Handauflage beim Schleifen des Schaleninneren quer zur Schalenvorderseite und möglichst weit davon weg. Stützen Sie dann den Unterarm auf die Handauflage, und halten Sie die Bohrmaschine neben das Spannfutter. Mit der anderen Hand schalten Sie das Gerät ein und aus. In dieser Körperhaltung haben Sie die insbesondere für Naturrandschalen nötige Kontrolle. Halten Sie beim Schleifen der Außenseite die Ellbogen nahe am Körper und gehen Sie beim Arbeiten mit dem ganzen Körper mit. Sie benötigen eine Bohrmaschine mit etwa 3000 Umdrehungen/Minute, Schleifteller von 51 und 76 mm Durchmesser und Schleifscheiben mit Körnungen von 80 bis 240.

Ich habe kürzlich nasses Holz maschinell geschliffen, allerdings mit einer kompressorbetriebenen Luftdruckbohrmaschine. **Benutzen Sie niemals einen Elektrobohrer zum maschinellen Nassschleifen.**

Finish

Die meisten Stücke müssen ein Finish bekommen, das die Oberfläche schützt und die Schönheit des Holzes hervorhebt.

Wurde das Teil saftfrisch gedrechselt, abgestochen und getrocknet, kann es zum Auftragen des Finishs nicht mehr in die Drehbank gespannt werden. Nicht nur weil Sie die Befestigung abgeschnitten haben, sondern weil das Teil nicht mehr rund ist. Bis dahin ist die Oberfläche trocken und Sie können mit feinem Schleifpapier, d. h. 240er- oder 400er-Körnung, darüberwischen, damit es sich glatt anfühlt.

Man kann die gleichen Finishs verwenden wie für trocken gedrechseltes Holz. Der einzige Unterschied besteht darin, dass sie nicht auf der Drehbank aufgebracht werden können. Und es ist nicht möglich, sehr schnell trocknende Lacke von Hand aufzutragen, da sie bereits beim Auftragen trocknen und einen dicken Schmierfilm hinterlassen, der sich nur mühsam entfernen lässt.

Es gibt fünf Möglichkeiten:

1. Überhaupt kein Finish aufzutragen. Bei Brotschneidebrettern oder Nudelhölzern ist das möglich; Zierstücke werden hingegen schnell schmutzig und lassen sich nur schwer oder gar nicht reinigen.
2. Verwendung eines Speiseöls. Diese Methode ist ideal für Stücke, die mit Nahrungsmitteln in Berührung kommen.
3. Verwendung von Danish Oil oder Tungöl. Sie versiegeln die Oberfläche, heben die Farbe hervor und sorgen für eine glatte Oberfläche. Solche Finishs müssen von Zeit zu Zeit erneuert werden.
4. Auftragen von Wachs auf dem Ölfinish. Dadurch erhält man eine zusätzliche glänzende Schutzschicht. Das Wachs muss eine weiche Paste sein und unmittelbar nach dem Auftragen poliert werden, wenn das Ergebnis gut sein soll.
5. Harte Finishs garantieren den besten Schutz und erleichtern die spätere Reinigung und Pflege erheblich. Am besten werden sie aufgespritzt. Die entsprechende Ausrüstung muss keine Spezialausrüstung sein, und Sie können sie zum Preis einiger großer Röhren bekommen. Das eigentliche Problem ist, wo man spritzt. Eine Spritzkabine mit Absaugfilter und Wasserfall wäre ideal, ist aber unerschwinglich. Im Freien zu spritzen wäre eine Lösung, insbesondere wenn Sie bei Regen unter einer Überdachung arbeiten können. Wo auch immer Sie arbeiten, tragen Sie stets einen guten Gesichtsschutz.

Die meisten unserer Stücke behandeln wir mit einer Tönung auf Wasserbasis und spritzen dann in drei Schichten einen Kunstharzlack auf, der Härte und Strapazierfähigkeit verleiht.

ARBEITSPLANUNG

DER GESAMTPLAN

Am Anfang jeder Schale steht ein Gesamtplan, der den Arbeitsablauf festlegt. Jeder Schritt dieses Plans berücksichtigt alle nachfolgenden Schritte, so dass sie alle ausgeführt werden können, ohne den Prozess zu einem späteren Zeitpunkt zu behindern. Der Plan berücksichtigt auch die Ihnen zur Verfügung stehenden Werkzeuge und Ausrüstung sowie Ihre Drechselfertigkeiten.

Der Plan besteht aus fünf Phasen:

1. Design
2. Planung des Arbeitsablaufs
3. Bemaßung des Rohlings
4. Materialwahl
5. Herstellung des Werkstücks

Wenn Sie diese Abfolge stets berücksichtigen, werden Sie den gesamten Prozess als angenehm und lohnend erleben.

Design

Lassen Sie sich nicht von dem Begriff „Design“ einschüchtern, der den Beiklang des akkuraten Zeichnens und Skizzierens hat, für das das Können eines Konstruktionszeichners erforderlich ist. Wenn Sie es können, ist das gut, doch alles, was nötig ist, sind ein paar grobe Skizzen (Abb. 1). Kariertes Papier kann für das maßstäbliche Zeichnen praktisch sein und viele Dinge vereinfachen. Und falls Sie von Ihrer Zeichnung nicht überzeugt sind, können Sie sie mit einem Radiergummi oder -messer ändern. Auf diese Weise führt Ihre Skizze viel leichter und mit weniger Enttäuschungen zu einer endgültigen Lösung, als wenn Sie am Holz auf der Drehbank probiert hätten. Sobald Ihre Zeichnung in Ordnung ist, können Sie sie auf die Arbeit auf der Drehbank übertragen. Es lohnt sich, die Skizzen für den Fall zu behalten, dass Sie ein bestimmtes Stück später noch einmal drechseln möchten; außerdem können Sie Ihre Ideen anhand der Entwürfe weiterentwickeln.

Die Entwurfphase ist der wichtigste Schritt im gesamten Herstellungsprozess. Wenn der Entwurf falsch ist, ist das Ergebnis nicht so, wie es hätte sein können, ungeachtet dessen, wie gut Sie mit dem Werkzeug umgehen können. Technik ist ein Mittel zum Zweck, aber kein Selbstzweck.

Wie oft höre ich „Ich spanne ein Stück Holz in die Drehbank, gehe einen Schritt zurück und lasse es zu mir sprechen, bevor ich entscheide, was ich daraus mache.“ oder „Ich höre wie es zu mir sagt ‚ein Kerzenhalter‘, ‚ein Himmelbett‘, ‚ein Eierbecher‘ oder ‚eine Salatschüssel‘“. Sobald das Holz in der Drehbank ist, sind die wichtigsten Entscheidungen hinsichtlich des Designs gefallen oder eher vermieden. Die Bestimmung des Holzes ist Teil des Entwurfs, die Bestimmung des Faserverlaufs ist Teil des Entwurfs und die Größe ist Teil des Entwurfs. Die Vorbereitung des Holzes für die Drehbank und die Wahl der richtigen Spannvorrichtung sind Teil des Herstellungsprozesses, um ein bestimmtes Design zu erhalten. Das Design sollte abgeschlossen sein, lange bevor der Stamm mit der Kettensäge geschnitten wurde, und genau zu diesem Zeitpunkt sollte das Holz zu Ihnen sprechen. Sobald das Holz in der Drehbank ist, kann man nur noch am Design herumpfuschen – und Pfuschen bedeutet, dass der Entwurf im ersten Anlauf nicht richtig gelöst wurde.

Allerdings beginnt ein Entwurf nicht mit einem weißen Stück Papier, sondern mit Erfahrung. Der Erfahrung, welche Objekte Sie mögen und welche nicht, wie Sie sie erkennen und bestimmen, welche Teile daran was sind. Es ist wichtig, sich Gegenstände des täglichen Gebrauchs genau anzusehen, ebenso Museen und Kunstgalerien zu besuchen. Konzentrieren Sie sich nicht allein auf Holz, auch Glas, Keramik und Metall sind große Inspirationshilfen. Schulen Sie Ihr Auge für Dinge, die Ihnen gefallen, und machen Sie sich keine

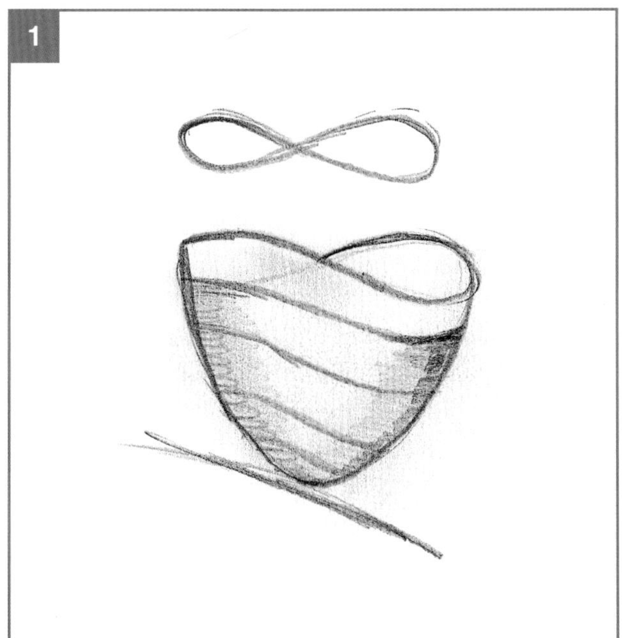

Abb. 1 Auf dieser Seite und den folgenden verstehen wir „Design" nicht als etwas Einschüchterndes – grobe Bleistiftskizzen wie diese sind alles, was nötig ist

Sorgen darüber, wie sie gemacht sein könnten. Wenn Sie sich als erstes fragen, wie ein Objekt gemacht wurde, haben Sie seine Schönheit wahrscheinlich nicht wahrgenommen. Nehmen Sie so viel auf, wie Sie können und lassen Sie es später wieder aus sich herausfließen. Nachahmung ist eine gute Möglichkeit zu lernen, weil es das Erkennen und Verstehen von Formen verlangt, doch nutzen Sie sie, um daraus Ihren eigenen unverkennbaren Stil zu entwickeln.

Die Ausgangsbasis für das Design kann unterschiedlich sein. Üblicherweise beginnt man jedoch mit einem zweckmäßigen Objekt, wie z. B. einer Schale für Obst oder Zucker. In diesem Falle spricht man von einer Anforderung an das Design. Stellen Sie sich am Beispiel der Obstschale ein paar einfache Fragen; sie treiben das Design schnell voran.

Wie viel Obst soll in die Schale passen?

Das hängt von der Zahl der im Haushalt lebenden Personen ab und davon, ob sie große Obstesser sind. Auf diese Weise bestimmen Sie, welche Größe die von Ihnen gewünschte Schale haben wird.

Soll sie für mehrere oder nur für eine Obstsorte gedacht sein?

Eine Obstschale für mehrere Obstsorten muss breit sein, damit alle Sorten sichtbar sind. Bei nur einer Obstsorte kann die Schale enger sein, solange man an die Früchte gut herankommt.

Nun können Sie prüfen, welches Holz sich aufgrund seiner Eigenschaften für dieses Projekt eignet und schauen, ob die Eigenschaften des Ihnen zur Verfügung stehenden Holzes damit übereinstimmen. Holz, das mit Nahrungsmitteln direkt in Kontakt kommt, sollte geschmacksneutral, geruchlos und abwaschbar sein. Ebenso sollten Farbe und Maserung zu den vorhandenen Möbeln passen. Mit dem Sammeln und Niederschreiben der Informationen wird Ihr Denken auf den aktuellen Bedarf konzentriert, und es hilft Ihnen, Ihre Designideen so weit zu entwickeln, dass Sie beginnen können, die Form der Schale zu skizzieren. Nun sollten die gemachten Erfahrungen aus Ihrem Bleistift herausfließen. Und vergessen Sie nicht, das am besten geeignete Finish zu bestimmen.

Bei Naturrandschalen und solchen, deren Design bestimmte Holzmerkmale erfordert, wird der Stamm zum Zeichenpapier sowie zu einer Quelle der Inspiration. Mit einem Stück Kreide und den Erfahrungen, die aus Ihnen herausfließen, können Sie Schalen sichtbar machen, die sich noch im Stamm befinden.

Beim Design sind einige Dinge zu beachten, die insbesondere für saftfrisch gedrechselte Objekte gelten, wie z. B. die Folgen von nachträglichem Trocknen. Unterschiedliches Trocknen ruft eine Menge von Problemen hervor. Die äußeren Flächen trocknen schnel-

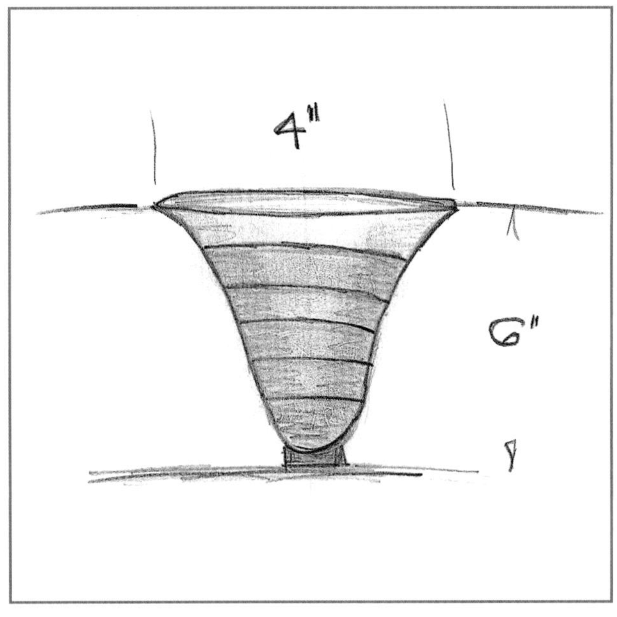

ler als die inneren und dünne Teile schneller als dicke; feinkantige Ränder an dicken Schalen sind anfällig, da sie schnell trocknen und dasselbe gilt für Rundungen und andere feine Details. Das bedeutet aber nicht, dass Sie solche Dinge vermeiden sollten. Sie sollten im Gegenteil versuchen, das Problem z. B. durch kontrolliertes Trocknen einzugrenzen. Das sollten Sie in Phase 2 Ihres Gesamtplans angehen.

Die Entwurfphase ist ein wichtiger Teil des Arbeitsablaufs. Wenn Sie darauf achten, dass sie gut verläuft, wird sie für die Entwicklung Ihrer Drechseltätigkeit von Bedeutung sein.

Planung des Arbeitsablaufs

Dieser Teil des Gesamtplans sollte sämtliche Arbeitsgänge enthalten, die für die Herstellung der Schale entsprechend Ihrem Design erforderlich sind. Berücksichtigen Sie von den ersten Schnitten mit der Kettensäge bis hin zum Auftragen des Finishs alle Details, und legen Sie auch fest, welche Werkzeuge und Spannvorrichtungen benutzt werden sollen. Die Abfolge ist so zu planen, dass das vorhandene Werkzeug und die zur Verfügung stehende Ausrüstung benutzt werden können. Je nachdem, wie viele Stücke gemacht werden sollen, werden die Schalen einzeln oder mehrere nacheinander gefertigt. Die typische Arbeitsabfolge zur Herstellung einer einzelnen Schale ist wie folgt:

1. Zeichnen Sie den Rohling auf den Stamm.
2. Schneiden Sie mit einer Kettensäge ein Stück vom Stamm.
3. Zeichnen Sie den Rohling auf dieses Stück, und schneiden Sie grob vor, damit Sie auf der Bandsäge fertig sägen können.
4. Drechseln Sie die äußere Form. Die Schale wird dabei an ihrem oberen Ende auf einem Schraubfutter gehalten. Drehen Sie einen Zapfen zum Einspannen auf dem Spannfutter. Aus Ihrem Plan sollte hervorgehen, ob ein Schraubfutter, eine Planscheibe oder ein Stiftfutter verwendet wird.
5. Drechseln Sie jetzt das Schaleninnere. Die Schale wird dabei an ihrem Fuß in einem 51-mm-Zapfenspannfutter gehalten.
6. Drehen Sie den Bereich um den Boden fertig.
7. Schleifen Sie nass von Hand mit 100er-, 150er- und 240er-Körnungen.
8. Stechen Sie die Schale ab.
9. Spannen Sie die Schale auf der Rückseite auf, um den Boden fertig zu drehen. Benutzen Sie dazu auf ein Spannfutter montierte Holzklemmbacken.
10. Lassen Sie das Stück 24 Stunden lang in der Werkstatt trocknen, und stellen Sie es dann ins Haus.
11. Spritzen Sie Lack in drei Schichten als Finish auf.

Maße in den Originalzeichnungen Seiten 63–65:
3" = ca. 75 mm; 4" = ca. 100 mm;
6" = ca. 150 mm; 8" = ca. 200 mm

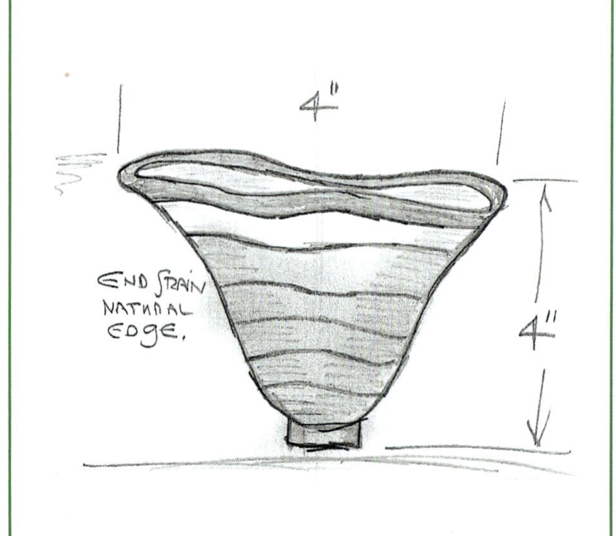

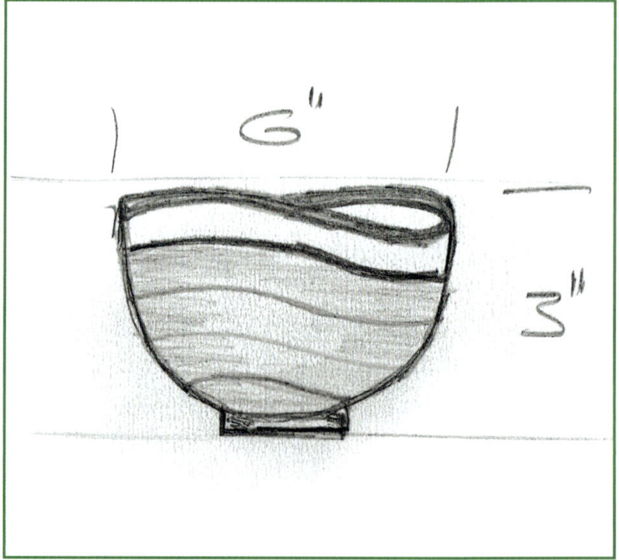

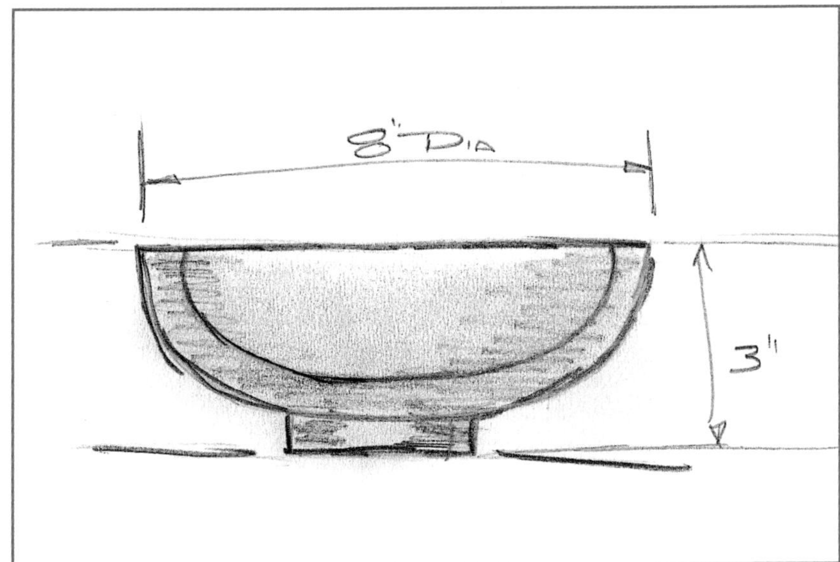

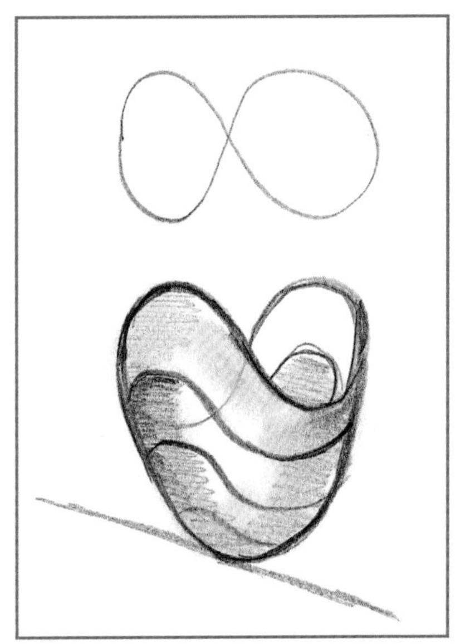

Bemaßung des Rohlings

Der Rohling muss größer als die fertige Schale sein, damit man (a) schlichten, (b) aufspannen und das Werkzeug ansetzen kann und damit (c) das Werkstück beim Trocknen schwinden kann.

(a) Eine Zugabe zum Schlichten von 13 mm auf den Durchmesser und von je 6 mm auf beiden Seiten auf die Länge sollte in den meisten Fällen genügen.

(b) Die Zugaben zum Aufspannen und für den Werkzeugansatz hängen vom Design und von der Herstellungsabfolge ab. Eine typische Abfolge ist wie folgt: die Schale wird während des ersten Drechselgangs am oberen Ende mit einem Schraubfutter, einer Planscheibe oder einem Stiftfutter gehalten. Dafür ist keine Zugabe erforderlich, da das Holz, an dem diese Spannfutter befestigt werden, auf jeden Fall entfernt wird.

Während des zweiten Drechselgangs wird die Schale in einem Zapfen gehalten. Dazu sind Zugaben von 6 mm für den Zapfen sowie 6 mm zum Abstechen (zweimal die Dicke eines 3-mm-Abstechstahls) erforderlich.

Wie es scheint, wird ziemlich viel Holz zum Aufspannen zugegeben, doch dem ist nicht so. Ich sehe es so, dass wir durch die verschiedenen Zugaben innerhalb der Schale Holz einsparen. Es ist im Prinzip nicht anders als bei einem Klotz, auf den der Rohling geleimt wird. Wenn wir uns für diese Methode entscheiden, entspricht die Länge des Klotzes der Summe der oben beschriebenen Zugaben zum Aufspannen und für den Werkzeugansatz. Nehmen Sie einen Klotz, wenn Sie das vorziehen. Aber achten Sie darauf, dass Sie für Leim und Klotz nicht mehr vergeuden als für den Wert des Abfallholzes, das Sie einzusparen versuchen, oder sogar für den ganzen Rohling.

(c) Erhöhen Sie alle Maße um 10 % als Schwundzugabe.

Materialwahl

Die Eigenschaften des Holzes und mögliche geeignete Holzarten werden beim Design festgelegt. Wenn man diese mit der Größe der gewünschten Rohlinge kombiniert, geht es nur noch darum, die Anforderungen mit den lokal vorhandenen Bäumen und Stämmen zu vergleichen und sich zu entscheiden. Wenn man Grünholz verarbeitet, sollte es so frisch wie möglich sein und sein Feuchtegehalt über dem Fasersättigungspunkt liegen.

Herstellung des Werkstücks

Wenn alles vorbereitet und das Holz ausgewählt ist, können wir mit der Ausführung beginnen, indem wir die in Punkt 2 beschriebene Abfolge befolgen. Da sämtliche Entscheidungen bereits getroffen wurden, kann man an die Ausführung sehr positiv herangehen. Legen Sie alle nötigen Spannfutter und Werkzeuge bereit, schärfen Sie die Werkzeuge, schauen Sie sich die Skizze genau an, und behalten Sie sie während des Arbeitsablaufs immer gut sichtbar in ihrem Blickfeld.

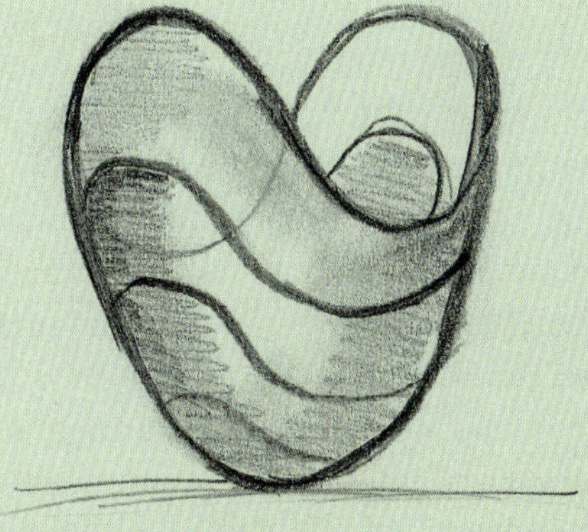

Teil 2

DRECHSELN VON SCHALEN UND BECHERN

DIE ERSTEN SPÄNE

Die Späne fliegen zu lassen ist das Aufregendste am gesamten Arbeitsablauf. Wir stellen nun einige ausgewählte Arbeiten nach dem oben dargelegten Arbeitsplan her.

Zweck der Übung ist die Entwicklung von handwerklichem Können und Drechselfertigkeiten beim Herstellen von Schalen und Bechern aus Grünholz. Das soll mit den nachfolgend beschriebenen und im Folgenden abgebildeten sechs Projekten erreicht werden.

1. Sehr dünne, lichtdurchlässige Querholzschale, 200 x 85 mm groß und 1,5 mm dick
2. Dünne Querholzschale mit Naturrand, 150 x 85 mm groß und 3 mm dick
3. Dünne, lichtdurchlässige Hirnholzschale, 140 x 90 mm groß und 3 mm dick
4. Dünne Hirnholzschale mit Naturrand, 127 x 76 mm groß und 3 mm dick
5. Dünner, filigraner Hirnholzbecher mit Naturrand, 76 x 152 mm groß und 1,5 mm dick
6. Zweckmäßige Schale, die saftfrisch vorgedrechselt und trocken fertig gedrechselt wird, 159 x 70 mm groß und 10 mm dick

Die ständige Wiederholung einer Übung ist eine der besten Methoden, um Geschicklichkeit zu entwickeln. Machen Sie deshalb jeweils mindestens drei Stück, aber bereiten Sie 25 % mehr Rohlinge vor, als Sie für die Schalen benötigen. Auf diese Weise haben Sie immer einen Reserverohling zur Hand, wenn etwas schiefgeht, und Sie brauchen sich keine Sorgen über Fehler zu machen oder sind nicht enttäuscht, wenn etwas misslingt. Ich habe immer Rohlinge auf Reserve; dadurch kann ich produktiver arbeiten.

Sechs Arbeiten aus Grünholz

1 Lichtdurchlässige Querholzschale
2 Querholzschale mit Naturrand
3 Lichtdurchlässige Hirnholzschale
4 Hirnholzschale mit Naturrand
5 Hirnholzbecher mit Naturrand
6 Zweckmäßige Schale, die saftfrisch vorgedrechselt und trocken fertig gedreht wird

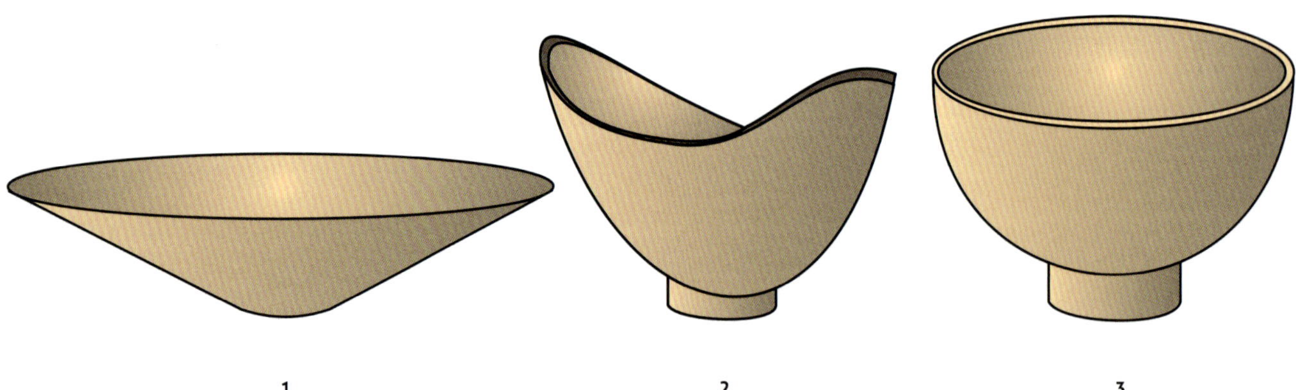

Anforderungen an das Holz

Das Holz für die oben erwähnten Projekte muss folgende Eigenschaften haben:

(a) Es muss leicht zu bearbeiten sein. Es geht nicht darum, sich unnötige Probleme zu schaffen, die den Lernprozess bremsen und verhindern, dass man Fortschritte macht.

(b) Es muss frisch sein, d. h. vorzugsweise vor weniger als vier Wochen gefällt worden sein.

Zusätzliche Anforderungen im Zusammenhang mit den ersten fünf Projekten:

(c) Es muss im dünnen Zustand lichtdurchlässig sein. Diese Eigenschaft ist während des Drechselprozesses sehr nützlich, weil wir die Schale mit einer Lampe durchleuchten und so die Wandstärke im Auge behalten können.

(d) Für die Naturrandschalen sollte die Rinde dünn und glatt sein. Das Holz sollte in der Ruhezeit gefällt werden, um den Halt der Rinde zu begünstigen.

Feinporige Harthölzer, wie Stechpalme, Buche oder Ahorn, in denen Splintholz und Kernholz die gleiche Farbe haben, erfüllen alle oben genannten Anforderungen und sind ideal.

(e) Für die letzte Übung sollte das Holz feinporig, geruchlos und ungiftig sein. Es sollte wenn möglich niedrige Schwundraten haben, und das Verhältnis von Umfangsschwund zu Radialschwund sollte etwa 1 betragen. Diese letztgenannte Anforderung stellt sicher, dass sich das Werkstück minimal verzieht, wenn es nach dem Trocknen wieder eingespannt wird. Mit Ausnahme von Stechpalme eignen sich die oben genannten Hölzer ebenso wie Esche, Ulme usw. gut.

Die restlichen Phasen des Plans werden bei jedem Werkstück jeweils in den nachfolgenden Kapiteln behandelt.

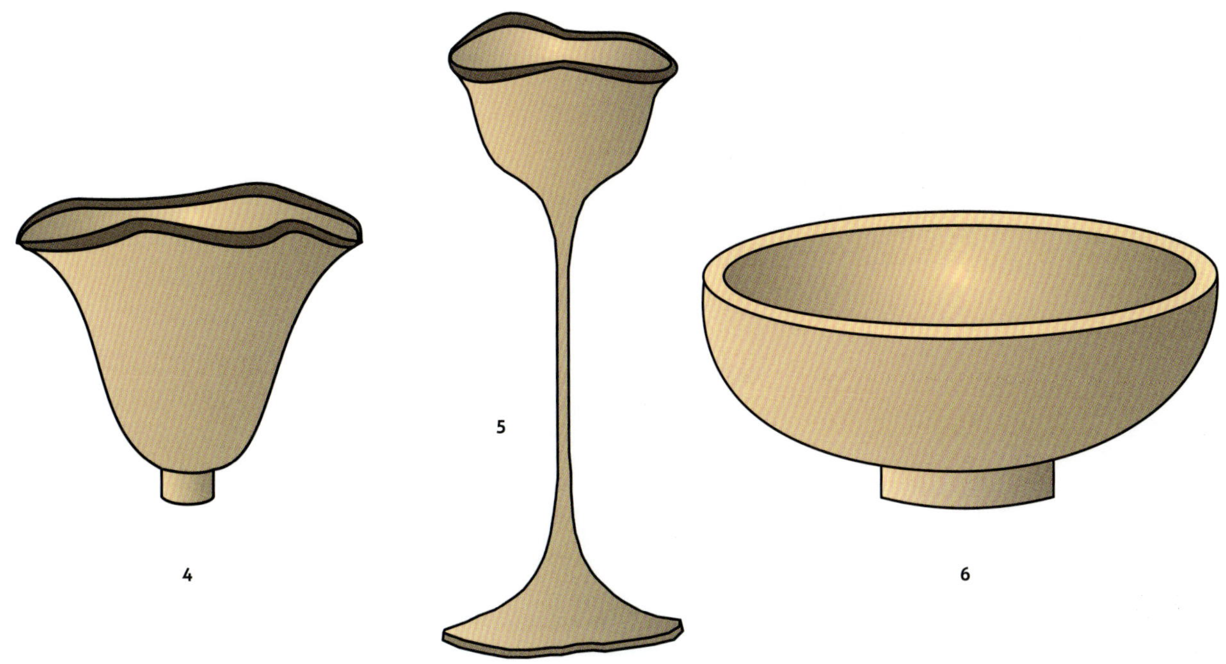

1

LICHTDURCHLÄSSIGE QUERHOLZSCHALE

Eine wie in Abb. 1 dargestellte dünne, lichtdurchlässige Schale zu drechseln, ist spannend und eine echte Herausforderung. Die hierbei gewonnene Erfahrung gibt Ihnen Selbstvertrauen für jede Art von Drechselarbeit und insbesondere für die anschließend zu bewältigenden weiteren Grünholzschalen und -becher.

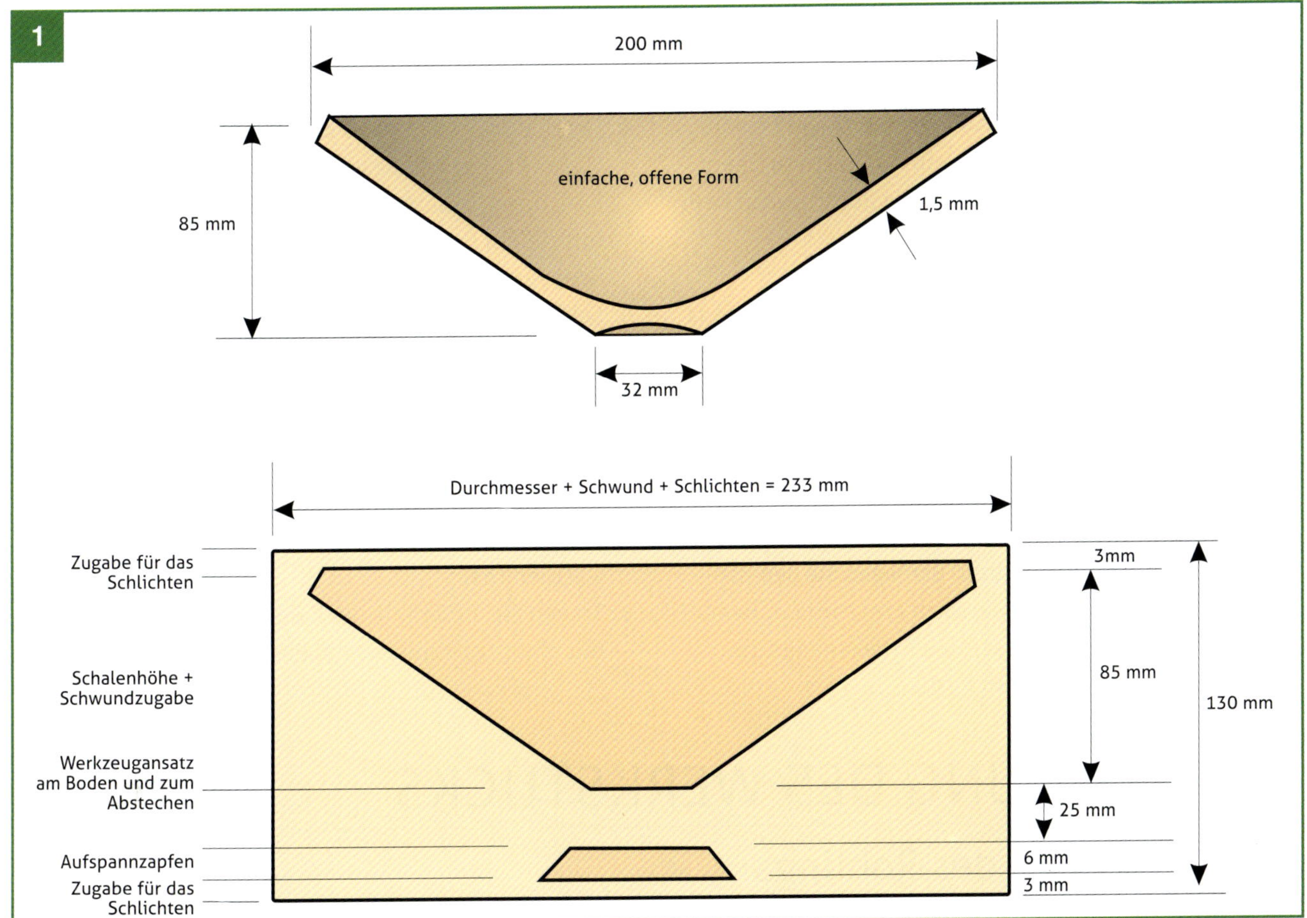

Abb. 1 Lichtdurchlässige Querholzschale: dieses Design eignet sich für unsere erste Grünholzschale

Design

Die Form sollte so einfach wie möglich sein. Eine weite V-Form ist ideal. Das in Abb. 6.2 gezeigte Beispiel hat ein Fertigmaß von 200 mm Durchmesser und 85 mm Höhe sowie 1,5 mm Dicke.

Bemaßung des Rohlings

Die fertige Schale soll 200 x 85 mm groß sein.

Materialwahl

Wir benötigen ein Stück feinporiges Hartholz, das groß genug ist, um daraus die Rohlinge schneiden zu können. Es sollte frisch sein und sich noch auf dem Stamme befinden. Ahorn, Stechpalme oder Buche sind geeignet, weil sie sich leicht drechseln lassen, hell und im dünnen Zustand lichtdurchlässig sind.

	Durchmesser	**Höhe**
	mm	mm
Schalengröße	200	85
8–10 % Schwundzugabe	20	8
Zugabe für das Schlichten:		
Seiten	13	
oben		3
unten		3
Zugabe für das Abstechen		6
Zugabe für den Werkzeugansatz		19
Zugabe für das Aufspannen		6
Gesamt	233	130

PLANUNG DES ARBEITSABLAUFS

1. Schneiden Sie eine etwa 50 mm dicke Scheibe vom Stammende ab, um darauf befindliche Risse zu entfernen, und zeichnen Sie dann die Rohlinge auf dem Stammende ein.
2. Schneiden Sie mit der Kettensäge einen 255 mm langen Abschnitt vom Stamm ab. Schneiden Sie aus diesem Abschnitt mit der Kettensäge oder auf der Bandsäge das Stück für den Schalenrohling. Zeichnen Sie darauf einen Kreis, und schneiden Sie den runden Rohling auf der Bandsäge heraus.
3. Drechseln Sie die Außenseite. Dazu wird die Schale am oberen Ende mit einem Schraubfutter oder einer Planscheibe gehalten. Erzeugen Sie den Zapfen zum späteren rückwärtigen Einspannen. Benutzen Sie während des gesamten Arbeitsgangs die 13-mm-Röhre mit tiefem Profil.
4. Drechseln Sie den Rand und das Schaleninnere. Dazu wird die Schale am Boden mit einem Vierbackenfutter gehalten. Nehmen Sie die 13-mm-Röhre mit tiefem Profil und den abgerundeten 38-mm-Schaber, der mit der Seite schneidet.
5. Schleifen Sie nass von Hand. Beginnen Sie mit Schleifmittel mit 100er-Körnung und gehen Sie bis auf 240er-Körnung.
6. Stechen Sie mit dem 3-mm-Abstechstahl ab.
7. Schleifen Sie den Boden von Hand, und vertiefen Sie die Mitte leicht.
8. Trocknen Sie die Schale 24 Stunden lang an einem warmen Ort.
9. Tragen Sie außerhalb der Drehbank von Hand oder mit einer Spritzpistole ein Finish auf.

HERSTELLUNG DES WERKSTÜCKS

1: Einzeichnen des Rohlings

Schneiden Sie als erstes vom Stammende 50 mm ab, um sämtliche Risse vom Hirnholz zu entfernen. Definieren Sie auf dem Stammende die Position, in der sich der Rohling befinden soll, und zeichnen Sie dann durch das Mark die Schalenmittellinie ein (Abb. 1a). So stellen Sie sicher, dass die Maserung auf beiden Seiten gleich ist. Dann können Sie die Schale nach Belieben um diese Linie herum einzeichnen und die Zugaben für den Schalenrohling hinzufügen (Abb. 1b; siehe auch Abb. 9 auf Seite 22). Es ist nicht weiter schlimm, wenn das Mark

Abb. 1a Die erste auf dem Stammende eingezeichnete Linie ist die Mittellinie der Schale. Sie führt in Stammmitte durch das Mark

Abb. 1b Eingezeichnete Schalenform auf dem Stammende mit Zugabe unterhalb des Schalenbodens zum Aufspannen

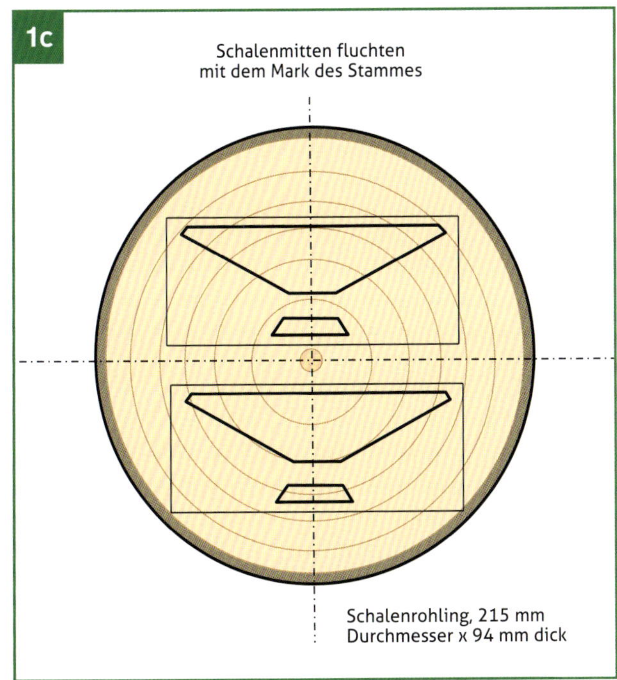

Abb. 1c Zwei eingezeichnete Rohlinge auf dem Stammende bereit zum Herausschneiden

innerhalb der Zugabe für das Aufspannen liegt, weil dieses Material später entfernt wird. Wenn Sie einen Rohling eingezeichnet haben, zeichnen Sie einen zweiten exakt wie diesen (oder so exakt wie möglich), damit er in der gleichen Weise gedrechselt wird (Abb. 1c).

2: Schneiden des Stammabschnitts für den Rohling

Als nächstes wird ein etwa 255 mm langes Stück vom Stamm abgeschnitten. Das sind 19 mm mehr als der Durchmesser des Rohlings beträgt. Beachten Sie die Regeln zum sicheren Gebrauch der Kettensäge auf Seite 31.

Stellen Sie am anderen Ende des Rohlings sicher, dass sich das Mark weiterhin an der gleichen Stelle befindet und dass keine Schäden vorhanden sind, die die Schale beeinträchtigen könnten. Wenn sich das Mark wie so oft leicht verschoben hat, muss der Stamm etwas abgeschnitten werden, weil das Mark andernfalls in die Schale laufen kann.

Ziehen Sie auf der Oberseite des Stammabschnitts parallel zu den oberen Schalenenden durch das Mark eine Linie. Zeichnen Sie dann am Boden des Stammabschnitts parallel zu der Linie auf der Oberseite ebenfalls eine Linie durch das Mark. Verbinden Sie die obere und untere Linie außen auf der Seite des Stammes

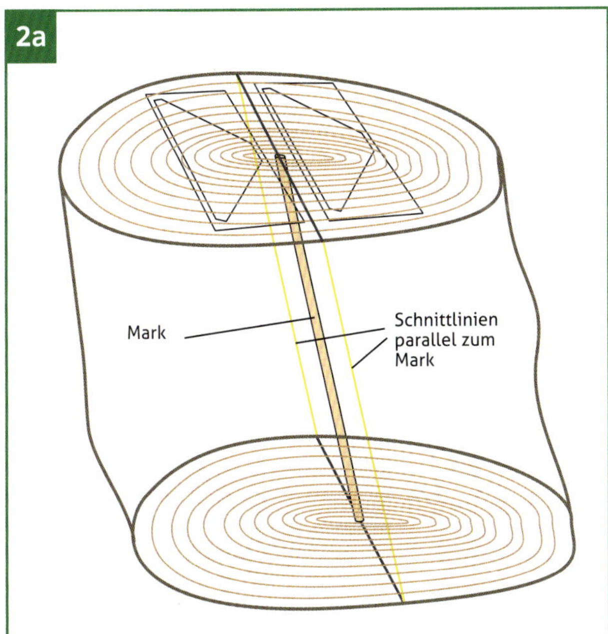

Abb. 2a Die Rohlinge müssen über die Länge des Stammabschnitts mit dem Mark fluchten, damit die fertigen Schalen kein Mark enthalten. Zeichnen Sie an jedem Ende eine Linie durch das Mark und verbinden Sie diese Linien mit einer Kreidelinie auf der Stammaußenseite

Abb. 2b Auf den Stammseiten werden Bezugslinien gezogen; aus praktischen Gründen wurde der Stamm so verkeilt, dass die Bezugslinien auf dem Stammende vertikal verlaufen

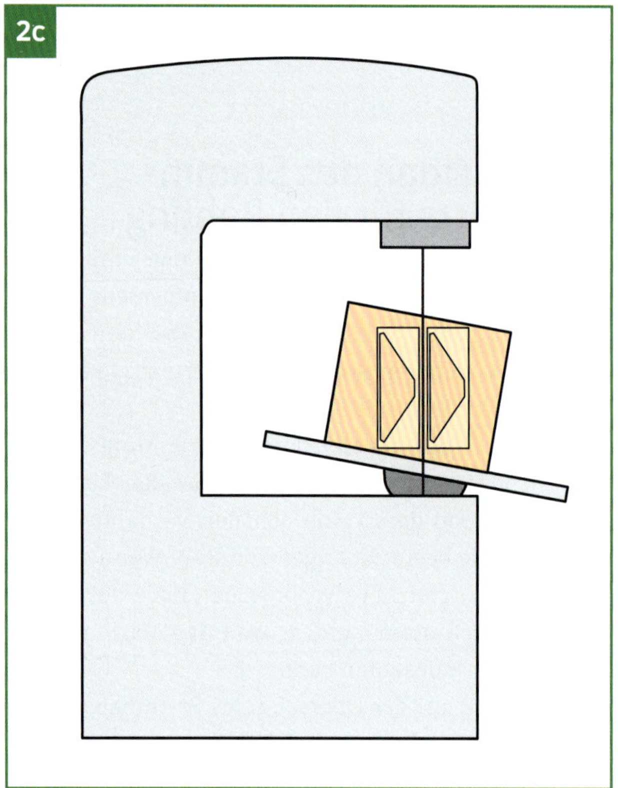

Abb. 2c Man kippt den Tisch der Bandsäge, damit das Blatt mit dem Mark fluchtet

mit Kreide, und Sie erhalten zwei Linien, die parallel zum Mark verlaufen (Abb. 2a+b). Setzen Sie diese Linien mit dem Bandsägeblatt in eine Flucht, indem Sie den Tisch kippen, und schneiden Sie dann das Stück heraus (2c+d).

Sobald das Stück geschnitten ist, wird auf die Oberseite ein Kreis gezeichnet und der runde Rohling auf der Bandsäge herausgeschnitten (Abb. 2e). Wenn akkurat geschnitten wurde, braucht der Rohling nachher nicht mehr auf der Drehbank abgedreht zu werden. Bevor der Rohling auf die Drehbank gespannt wird, muss nur noch ein Führungsloch für das Schraubfutter gebohrt werden. Das geschieht am besten auf einer Ständerbohrmaschine (Abb. 2f).

Lassen Sie vorbereitete Rohlinge niemals mehrere Wochen, nicht einmal mehrere Tage in der Werkstatt liegen, da sie wegen Spannungen infolge unterschiedlichen Trocknens der Rissbildung unterliegen. Schneiden Sie nur die Rohlinge, die Sie am selben Tag verarbeiten können. Es sei denn, Sie bewahren sie an einem kühlen Ort in einem Plastiksack mit nassen Holzspänen auf.

Abb. 2d Das Bandsägeblatt fluchtet korrekt mit der Bezugslinie auf der Stammseite

Abb. 2e Das Stück für die Schale ist herausgeschnitten und der Kreis für den Schalenrohling darauf gezeichnet. Auf diese Weise kann ein akkurater Rohling geschnitten werden, der auf der Drehbank nicht mehr besonders ausgerichtet bzw. rund gedreht werden muss

Abb. 2f Auf der Ständerbohrmaschine wird ein Führungsloch für das Schraubfutter gebohrt. Auf dem Stammende sind noch Reste der Originallinien zu erkennen

3: Drechseln der Schalenaußenseite

Spannen Sie das Schraubfutter auf die Drehbank und dann den Rohling auf das Futter (Abb. 3a). 1000 Umdrehungen pro Minute sind etwa die richtige Drehbankgeschwindigkeit, und wenn das Holz wirklich saftfrisch ist, wird der Saft durch die Werkstatt spritzen. Dessen müssen Sie sich bewusst sein, wenn sich Dinge in der Werkstatt befinden, die vor Feuchtigkeit geschützt werden müssen.

Das beste Werkzeug zum Drechseln ist eine 13-mm-Röhre mit tiefem Profil, die in Form des in Kapitel 3 (Seite 42) gezeigten O'Donnell-Anschliffs geschärft ist. Da der Rohling ziemlich rund und von der Form her ausgewogen ist, sollte es nicht nötig sein, ihn rund abdrehen zu müssen – widmen Sie sich direkt der Schalenform. Um auf der Außenseite einer Querholzschale mit der Faser zu arbeiten, sollte das Werkzeug vom Schalenboden in Richtung Schalenrand zeigen. In dieser Position ist das Werkzeug horizontal (oder der Griff wird leicht nach unten gehalten), und es ist gut zu kontrollieren, da die Fase hinter der Schneide auf das Holz trifft.

Idealerweise steht man hinter dem Werkzeug; man schaut auf die Fase hinab, steht locker und arbeitet „von sich weg" (Abb. 3b). Ich halte die Profidrehbank mit kurzem Bett dafür ideal, weil der Werkzeugansatz überall möglich ist. Bei Drechselbänken mit einem langen Bett und einem festen Spindelkasten steht man am besten gegenüber dem langen Bett und arbeitet darüber hinweg. Drechselbänke mit drehbarem Spindelkasten lassen sich schwenken, damit man genügend Platz hat.

Die Schnittfolge ist in den Abb. 3c–3i dargestellt. Sehen Sie, wie die Schnittrichtung vom ersten Schnitt

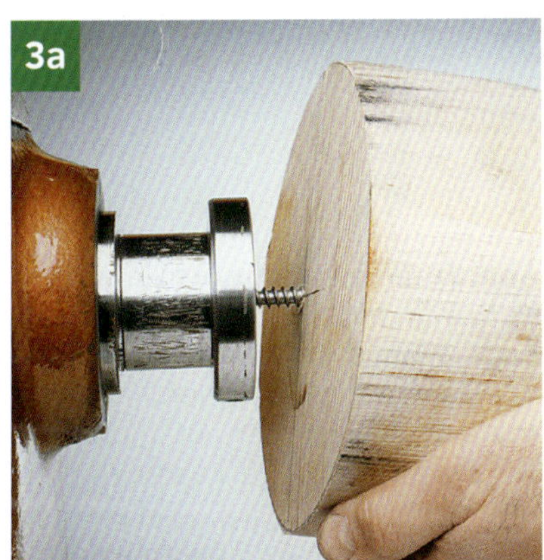

Abb. 3a Der vorbereitete Rohling wird auf das Schraubfutter aufgespannt

Abb. 3b Nehmen Sie hinter dem Werkzeug eine lockere Körperhaltung ein, und schauen Sie auf die Fase hinab

Abb. 3c Drechseln der lichtdurchlässigen Querholzschale: Aufspannen am oberen Ende und erste Schnittfolge

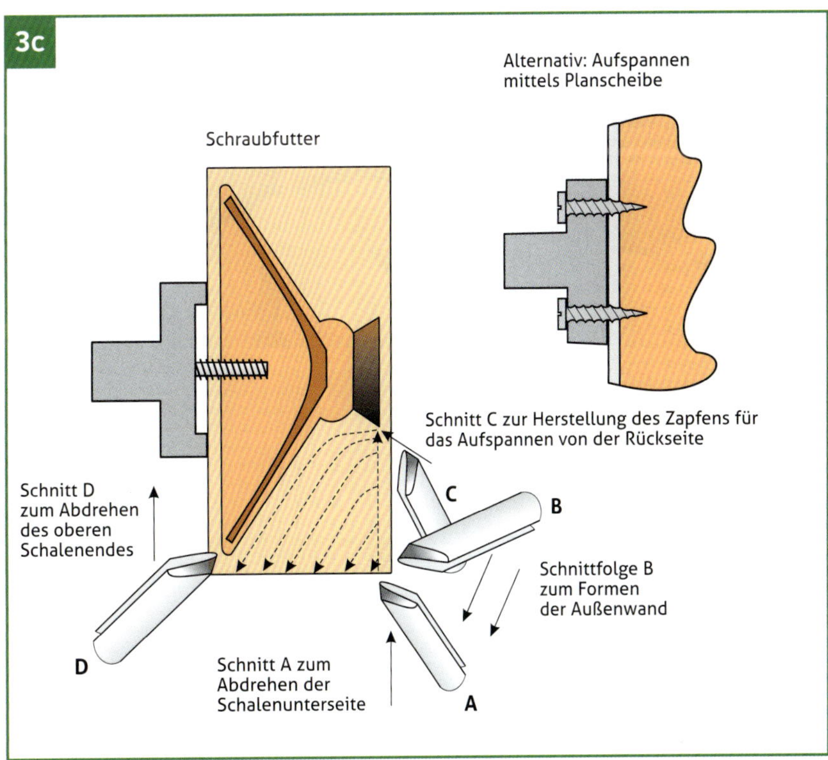

Abb. 3d Nach dem Abdrehen der Fläche, die später die Schalenunterseite sein wird (Schnitt A in Abb. 3c), beginnt Schnittfolge B mit dem Abschrägen der Ecke des Rohlings. Selbst in dieser Anfangsphase bewegt sich die Röhre in eine Richtung, die der späteren Schalenform entspricht

Abb. 3e Im Zuge der Schnittfolge B entwickelt sich das konische Profil der Außenseite rasch

Abb. 3f Während die Schalenunterseite immer noch mindestens 50 mm breit ist, müssen Vorkehrungen für den Zapfen getroffen werden, der zum späteren Aufspannen auf der Rückseite erforderlich ist. Zuerst wird die Unterseite ggf. noch einmal ausgerichtet (a). Dann wird der Innendurchmesser des Spannfutters mit einem Stechzirkel auf dem Holz markiert (b)

Abb. 3g Schnittfolge B kann nun abgeschlossen werden. Dabei bleibt die für den Zapfen angezeichnete Kreisfläche unangetastet

Abb. 3h Herstellen des schwalbenschwanzförmigen Zapfens (Schnitt C)

Abb. 3i Schnitt D zum Abdrehen des oberen Schalenendes ist der letzte Schritt, wenn die Schale am oberen Ende aufgespannt ist

an der gewünschten Form folgt. Denken Sie nicht einmal darüber nach, in welcher Hand sich das Werkzeug befindet, sondern drechseln Sie einfach. Machen Sie einen Zapfen von 51 mm Durchmesser für das Spannfutter (oder einen flachen Rezess zur Aufnahme einer Planscheibe), und drehen Sie zum Schluss das obere Ende der Schale ab.

Wenn die Außenseite fertig ist, kann die Schale umgedreht werden und zum Drechseln des Schaleninneren umgekehrt eingespannt werden (Abb. 3j).

Die nächsten Drechselschritte sind in Abb. 3k zusammengefasst. Wenn Sie theoretisch einen guten Zapfen gemacht haben und ein gutes und genaues Futter haben, läuft die Schalenaußenseite rund, und Sie brauchen nichts mehr daran zu tun. Wenn es sich um eine dicke Schale handelt (über 6 mm), ist ein geringes Verziehen nicht von Bedeutung. Doch bei einer dünnen Schale (unter 1,5 mm) ist selbst die kleinste Ungenauigkeit sehr deutlich, da dadurch die Wandstärke ungleichmäßig wird. Es ist also sehr ratsam, die Außenseite jetzt vor dem weiteren Vorgehen auszurichten.

Ein weiterer Schnitt von der Unterseite zum Rand dürfte nun genügen, um die Außenseite auszurichten.

Abb. 3j Aufspannen auf der Rückseite: Einspannen des schwalbenschwanzförmigen Zapfens in die O'Donnell-Klemmbacken

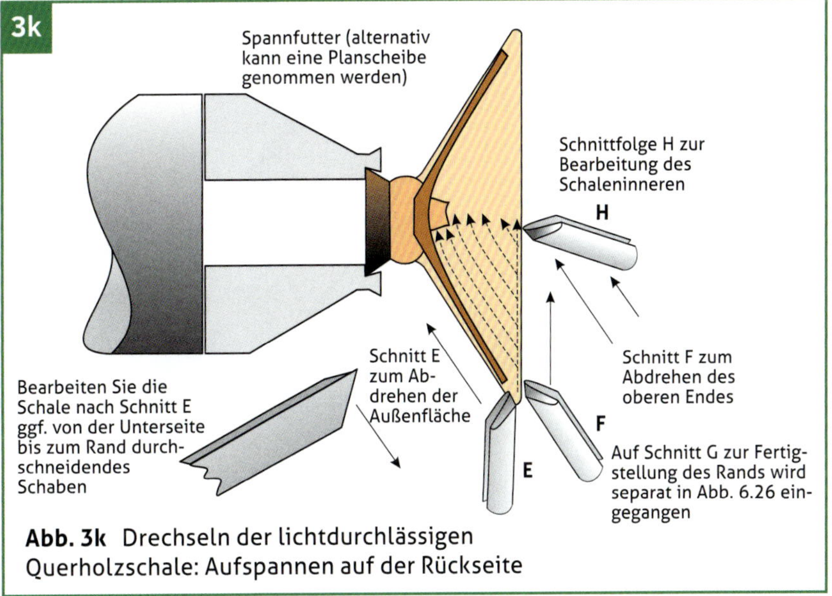

Abb. 3k Drechseln der lichtdurchlässigen Querholzschale: Aufspannen auf der Rückseite

Abb. 3l Ein vorsichtiger Schnitt vom Rand zur Unterseite (Schnitt E in Abb. 6.22) sollte genügen, um die Außenfläche abzudrehen

Doch in der Praxis hat man keinen Platz, um das Werkzeug aus dieser Richtung anzusetzen. Führen Sie also mit einer neu geschärften Röhre mit tiefem Profil langsam und vorsichtig einen Schnitt vom Rand zur Unterseite aus (Abb. 3l); das ist nötig, um eine gute Oberfläche zu bekommen. Da wir hier gegen die Faser arbeiten, besteht eine geringe Gefahr, dass dieser Schnitt bei einigen Hölzern ein nicht so gutes Finish hinterlässt. Sollte das vorkommen, schlichten Sie die Oberfläche anschließend durch schneidendes Schaben (siehe die Seiten 57–58, wobei das Werkzeug von der Unterseite zum Rand gerichtet ist (Abb. 3m). Das obere Ende wird dann mit der Röhre mit tiefem Profil abgedreht (Abb. 3n).

Abb. 3m Wenn Schnitt E keine gute Oberfläche erzeugt hat, kann durchschneidendes Schaben von der Unterseite zum Rand korrigiert werden

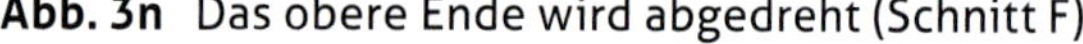

Abb. 3n Das obere Ende wird abgedreht (Schnitt F)

4: Drechseln des Rands und des Schaleninneren

Als nächstes ist der Rand an der Reihe. Er ist rechtwinklig zu den Seiten, so dass Randbreite und Schalendicke gleich sind. Das ist der einzige Schnitt, bei dem mein Werkzeug tangential um die Schale zeigt. Der Werkzeugrücken trifft unterhalb der Schneide auf das Holz, und das Werkzeug wird von der Mitte auf beide Seiten gedreht, bis der Rand etwas breiter als erforderlich ist (Abb. 4a).

Mit dem Aushöhlen beginnt man in der Mitte, wobei jeder Schnitt wie auf der Außenseite der endgültigen Form folgt (Abb. 4b). Wenn Sie es richtig machen, befindet sich das Werkzeug im Vergleich zum Drechseln der Schalenaußenseite jetzt in der anderen Hand. Regelmäßiges Schärfen ist notwendig, insbesondere wenn Sie bei den letzten Schnitten ankommen. Schärfen Sie die Röhre niemals vor dem allerletzten Schnitt, denn wenn Sie Ihre Körperhaltung ändern, kommen Sie aus Ihrem Fluss und Rhythmus heraus, und das wieder hinzubekommen, ist fast wie ein Neuanfang. Wesentlich besser ist es, das Werkzeug vor den letzten zwei oder drei Schnitten zu schärfen. So haben Sie eine Chance, wieder in Ihren Rhythmus zu finden.

Abb. 4a Endbearbeitung des Rands (Schnitt G). Die Röhre zeigt tangential um die Schale und wird von einer Seite zur anderen gedreht

Abb. 4b Aushöhlen des Schaleninneren (Schnittfolge H)

Abb. 4c Wenn bereits viel Holz ausgehöhlt wurde, unterstützt man die Schale mit den Fingern (man kann dabei auch einen Handschuh tragen). Mit Hilfe des durchscheinenden Lichts prüft man die Wandstärke

Zwei Möglichkeiten, den letzten Schnitt im Schaleninneren vorzubereiten

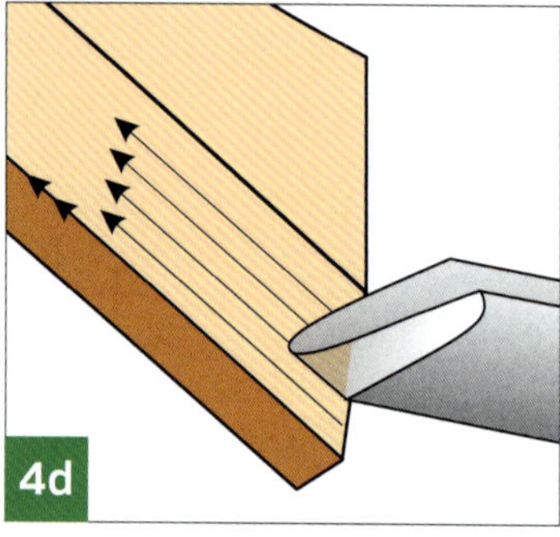

Abb. 4d Machen Sie einige kurze Schnitte, die Sie nach und nach vertiefen, und ziehen Sie dann den gesamten Schnitt in einem Zug durch

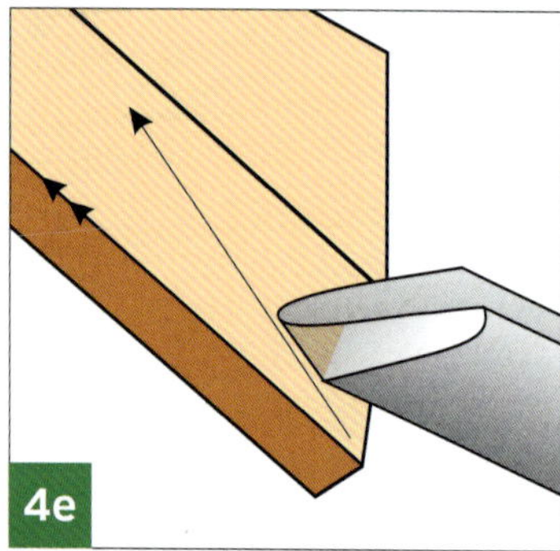

Abb. 4e Schrägen Sie die Kante des Restholzes ab, so dass der letzte Schnitt nach und nach tiefer wird

Wenn die Schale trocken wird, muss sie mit Wasser nass gehalten werden, **jedoch nur, wenn keine Gefahr besteht, dass Wasser an die elektrischen Teile gelangen kann!**

Wenn die Schalenwand etwa 19 mm dick ist, stellen Sie hinter die Schale eine Lampe, so dass Sie die Wandstärke bei fortschreitender Schnittdauer mit Hilfe des durchscheinenden Lichts optisch unter Kontrolle behalten. Achten Sie auch hier auf „elektrische" Sicherheit. Zu diesem Zeitpunkt können Sie die Schale auch gut mit den Fingern abstützen; das ist nötig, wenn sie immer dünner wird. Die Handkante ruht auf der Handauflage, die Finger liegen auf der Schalenaußenseite, und der Daumen liegt auf dem Werkzeug. Die Finger sollten das Werkzeug direkt durch das Holz hindurch unterstützen (Abb. 4c). Es kann passieren, dass die Schale zerbricht. Deshalb ist es ratsam, einen Handschuh zu tragen. Man kann die Schale mit den Fingern nicht auf dem ganzen Weg nach unten abstützen. Wenn Sie nicht mehr können, entspannen Sie die stützende Hand nach und nach, und ziehen Sie sie weg, während Sie mit der Kontrollhand weiter schneiden (die „Kontrollhand" ist jene, die den Griff hält). Die Stützhand kann dann das Werkzeug wie gewohnt wieder unterstützen.

Lassen Sie genug Holz stehen, das beim letzten Schnitt weggeschnitten wird. Es ist viel leichter, 3 mm oder sogar 6 mm wegzuschneiden, selbst wenn die endgültige Wandstärke 1,5 mm oder weniger beträgt. An diese Schnitte müssen Sie positiv herangehen und sich keine Sorgen machen, ob Sie die erste Schale gleich durchstechen. Selbstvertrauen und handwerkliches Können stellen sich mit zunehmender Praxis ein. Wenn Sie einmal eine 0,8 mm dicke Schale gedrechselt haben, ist es ein Leichtes, eine 3 mm dicke zu drechseln.

An den Ansatz für den letzten Schnitt müssen Sie mit Sorgfalt herangehen. Es gibt zwei Möglichkeiten, sich dies zu erleichtern. Die eine ist, einige kurze, etwa 13 mm lange, flache Schnitte zu machen, sie nach und nach auf volle Schnittiefe zu bringen und dann in einem Gang durchzuziehen (Abb. 4d). Die zweite Möglichkeit besteht darin, das Restholz von der Kante abzuschrägen und normal zu beginnen (Abb. 4e). Der heikelste Teil von allem ist die kleine Erhebung in der Mitte des Schalenbodens. Man will weder die Faser tiefer auftrennen als beabsichtigt noch einen kleinen, lästigen Punkt behalten. Um die besten Ergebnisse zu erzielen, hören Sie mit den letzten beiden Schnitten auf, wenn 25 mm Durchmesser erreicht sind, endbearbeiten Sie die Schale dann separat, indem Sie mit der Spitze der Röhre mit tiefem Profil feine Schnitte ausführen und dabei sicherstellen, dass sich die Spitze am Schluss auf der Höhe des Mittelpunkts befindet (Abb. 4f+g).

Falls erforderlich, kann der Schalenboden mit einem großen Schaber geschlichtet werden (Abb. 4h). Fahren Sie damit aber nicht bis zum Rand hoch, da die Gefahr groß ist, dass die Schale zerbirst. Schneidendes Schaben bei gleichzeitiger Unterstützung mit der Hand verbessert das Finish und verringert die Bruchgefahr.

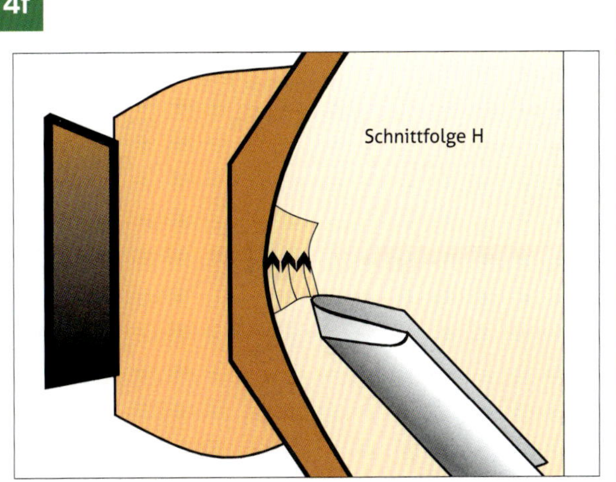

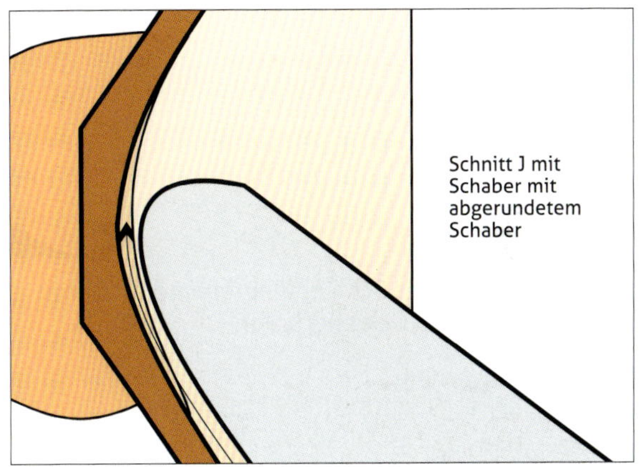

Abb. 4f Letzte Aushöhlphase: die letzten 25 mm werden in sehr feinen Schnitten mit der Röhre mit tiefem Profil weggeschnitten (Ende der Schnittfolge H) und dann nötigenfalls mit dem großen Schaber geschlichtet (Schnitt J)

Abb. 4g Nach dem letzten Schnitt der Schnittfolge H bleibt in der Mitte eine kleine Erhebung zurück, die mit der Röhrenspitze abgetragen wird

Abb. 4h Schlichten des Schaleninneren mit einem abgerundeten Schaber (Schnitt J)

5: Schleifen

Die Schale ist nun zum größten Teil fertig und kann geschliffen werden. Am besten schleift man, bevor der Fuß endbearbeitet wird. Schleifen Sie nass mit 100er- bis 240er-Körnung, wie auf Seite 58–59 beschrieben (Abb. 5a).

Die Außenseite des Fußes, der zum Drechseln des Schaleninneren stabiler gelassen wurde, kann nun mit der Röhre mit tiefem Profil fertig gedreht werden (Abb. 5b+c). Schleifen Sie diesen Bereich separat.

Abb. 5a Schleifen des Schaleninneren und -äußeren mit Schleifmittel mit Geweberücken

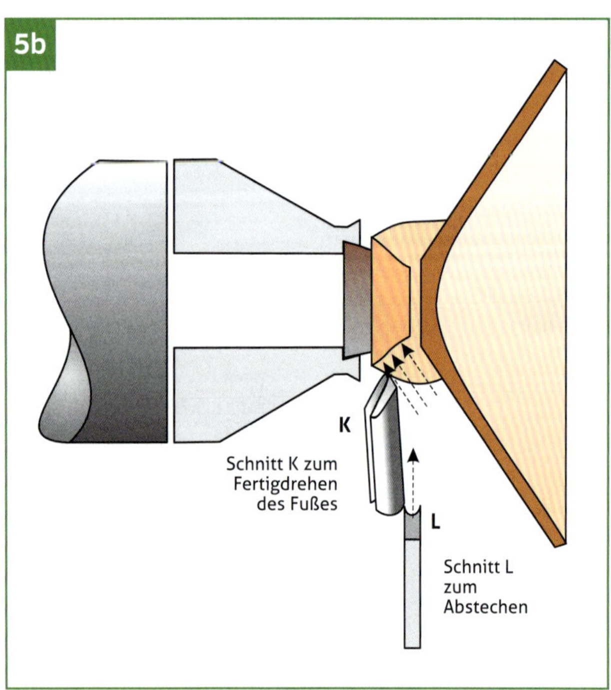

Abb. 5b Fertigdrehen um den Fuß und Abstechen

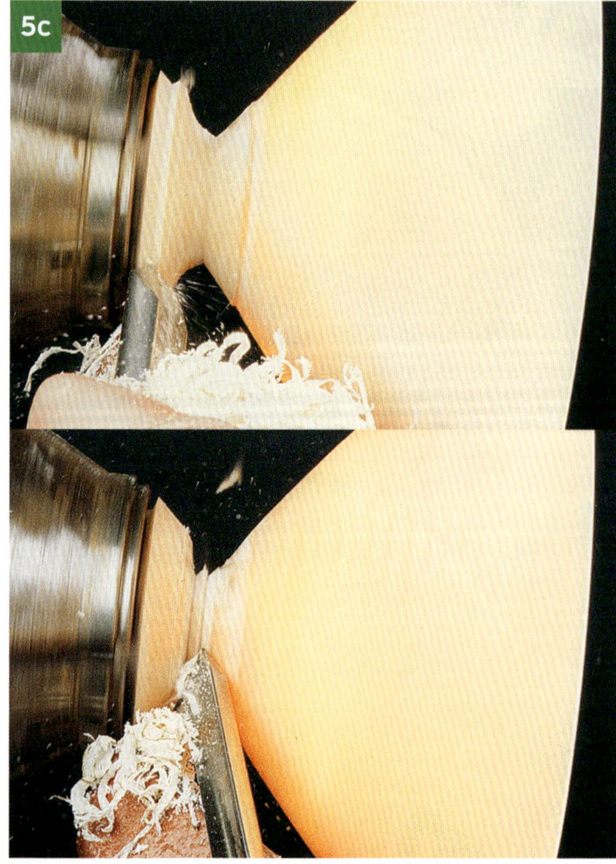

Abb. 5c Fertigdrehen des Schalenfußes (Schnitt K)

6: Abstechen

Stechen Sie die Schale mit einem 3-mm-Abstechstahl ab, den Sie in der linken Hand halten, während die rechte Hand die Schale greift, um sie nach dem Abtrennen aufzufangen (Abb. 6a).

7: Fertigdrehen des Schalenfußes

Jetzt muss nur noch der Schalenfuß fertig gedreht werden. Vertiefen Sie die Mitte mit einem Abstechstahl und schleifen Sie dann die Mitte und die Kante von Hand. Alternativ können Sie die Unterseite des Fußes drechseln. In diesem Fall spannen Sie die Schale in die Holzklemmbacken eines Spannfutters ein und schlichten den Fuß mit einer Röhre mit tiefem Profil und schleifen anschließend.

8: Trocknen

Da diese Schale sehr dünn ist, sollte es nicht schwierig sein, sie in wenigen Stunden an einem warmen Ort zu trocknen.

Abb. 6a Abstechen (Schnitt L)

9: Finish

Wir haben es hier mit einer dekorativen Schale zu tun, für die ich ein hartes Finish vorziehe. Spritzen Sie drei Schichten eines Kunstharzlacks auf, wie auf Seite 61 erwähnt.

ZUSAMMENFASSUNG

Bei einer Arbeit wie dieser ist nicht nur die Drechseltechnik wichtig, sondern der gesamte Arbeitsablauf. Der beste Weg, sich weiterzuentwickeln ist der, die Übung immer und immer wieder zu wiederholen. Versuchen Sie, in kleinen Stückzahlen zu arbeiten, indem Sie zuerst alle Außenseiten und dann alle Innenseiten bearbeiten und machen Sie sich nichts daraus, wenn ein oder zwei Schalen misslingen – fahren Sie einfach mit der nächsten fort. Diese Übung kommt Ihnen bei den nachfolgenden Arbeiten gut zustatten.

2

QUERHOLZSCHALE MIT NATURRAND

Design

Bei dieser einfachen Naturrandschale steigt und fällt der Rand nur geringfügig. Mit den beiden Hochpunkten auf einer Höhe und ebenfalls den beiden Tiefpunkten auf einer Höhe ist ihre Form harmonisch. Diese insgesamt sehr gefällige Form sollten auch Sie anstreben. Sie ist etwas kleiner als die Schale mit dem flachen Rand aus Übung 6 und weist ihre eigenen Schwierigkeiten auf; ein Durchmesser von 150 mm, eine Höhe von 85 mm und eine Dicke von 3 mm sind Herausforderung genug.

Bemaßung des Rohlings

Wenn Sie sich für eine Aufspannmethode entschieden haben, können Sie die Zugaben ausrechnen. Sie sind ähnlich wie bei der ersten Übung, allerdings ist oben keine Zugabe zum Schlichten erforderlich. Siehe Tabelle unten links.

Materialwahl

Das Design spezifiziert alle Anforderungen an die Schale. Es geht also lediglich darum, einen Stamm von geeigneter Größe und Art zu finden. Die Rinde sollte dünn sein und sich in einem guten Zustand befinden, und mindestens eine Seite des Stammes sollte so geformt sein, dass der Rand gleichmäßig und sanft steigt und fällt. Wie bei der vorigen Schale sind Ahorn, Stechpalme und Buche auch hier geeignete Hölzer.

	Durchmesser mm	**Höhe** mm
Schalengröße	150	85
8–10 % Schwundzugabe	15	6
Zugabe für das Schlichten:		
Seiten	13	
oben		0
unten		6
Zugabe für das Abstechen		6
Zugabe für den Werkzeugansatz		19
Zugabe für das Aufspannen		6
Gesamt	178	128

PLANUNG DES ARBEITSABLAUFS

Da der Rand natürlich ist, muss man mehrere Aufspannmöglichkeiten betrachten:

1. Man kann auf das untere Ende des Rohlings eine Planscheibe setzen und vor dem Abstechen sämtliche Drechselarbeiten abschließen. Das ist zwar relativ einfach, aber es ist schwierig, die Ausgewogenheit des Rands zu kontrollieren, da diese davon abhängt, wie genau Sie angezeichnet und mit der Ketten- und Bandsäge gearbeitet haben. Zudem ist die Position der Planscheibe kritisch. Diese Methode sollten Sie meiden.
2. Man kann die Schale auf der Drehbank zwischen den Spitzen einspannen, und zwar mit der Antriebsspitze im oberen Ende. Die Rinde sollte an diesem Punkt etwas weggebohrt werden, damit der Mitnehmer fest greift. Sobald die Schale richtig fluchtet, kann der Reitstock festgezogen und die Schalenaußenseite gedrechselt werden. Der Vorteil dieser Methode ist die sehr gute Kontrolle über die Flucht des Randes, die bei einem solchen Design besonders wichtig ist. Von Nachteil ist, dass der Reitstock den Werkzeugansatz einschränkt und die Schnitttechnik bei den ersten Schnitten stört.
3. Ich ziehe es vor, die Schale in einem Stiftfutter zu halten, wenn die Außenseite gedrechselt und die Unterseite für das spätere rückwärtige Aufspannen vorbereitet wird. In diesem Fall wird das Loch für das Stiftfutter zur Bezugsgröße für die Flucht des Randes; daher ist beim Bohren dieses Lochs größte Sorgfalt geboten. Sobald die Schale im Stiftfutter eingespannt ist, ist sie sehr sicher und der Werkzeugansatz überall möglich, da wir den Reitstock nicht brauchen. Am besten nehmen Sie ihn zu diesem Zeitpunkt ab, damit er den Werkzeuggriffen nicht im Weg ist.

Wenn Sie sich für die Aufspannmöglichkeiten 2 oder 3 entscheiden, sollten Sie später beim rückwärtigen Aufspannen einen 51-mm-Zapfen benutzen.

Die hier beschriebene Schale drechsle ich in einem Stiftfutter.

1. Zeichnen Sie den Rohling auf das Holz.
2. Schneiden Sie den Abschnitt für den Rohling mit einer Kettensäge vom Stamm.
3. Sägen Sie den Rohling auf der Bandsäge rund.
4. Bohren Sie ein 38 mm großes Loch für ein Stiftfutter. Drechseln Sie die Außenseite. Dazu spannen Sie die Schale auf das Stiftfutter. Erzeugen Sie den Zapfen für das spätere rückwärtige Aufspannen.
5. Drechseln Sie das Schaleninnere. Dazu spannen Sie die Schale auf ein Spannfutter.
6. Schleifen Sie von Hand und benetzen Sie das Holz.
7. Stechen Sie die Schale ab.
8. Spannen Sie die Schale ggf. rückwärtig zwischen den Spitzen auf, und bearbeiten Sie den Schalenboden zu Ende.
9. Trocknen Sie das Teil 3 bis 4 Tage lang an einem kühlen und feuchten Ort.
10. Tragen Sie ein Finish auf.

HERSTELLUNG DES WERKSTÜCKS

1: Einzeichnen des Rohlings

Schneiden Sie mit der Kettensäge eine etwa 50 mm breite Scheibe vom Stammende ab, um kleine Risse zu entfernen. Achten Sie jedoch darauf, dass sich die in das Holz greifenden Sägezähne auf der Seite befinden, die weggeschnitten wird; andernfalls können sie mehrere Schalen zerstören. Übertragen Sie das Schalendesign auf den Stamm und fügen Sie sämtliche Zugaben hinzu, um die Größe des Rohlings zu ermitteln (Abb. 1a+b, siehe auch Abb. 19 auf Seite 28).

2: Schneiden des Stammabschnitts für den Rohling

Als nächstes wird mit der Kettensäge ein 200 mm langer Abschnitt vom Stamm geschnitten – das sind 25 mm mehr als der Schalendurchmesser beträgt. Achten Sie wiederum auf die Lage der Sägezähne (Abb. 2a).

Abb. 1a Schalenform und Aufspannzugabe unterhalb des Schalenfußes sind auf dem Stammende eingezeichnet

Abb. 1b Einzeichnen der Schalenform auf der Stammseite. Schalendurchmesser plus Zugabe für das Schlichten wurden zuvor mit weißer Kreide auf die Rinde gezeichnet

Abb. 2a Wenn man entlang der obersten Kreidelinie aus Abb. 7.3 sägt, erhält man einen Abschnitt, der nur ein wenig länger ist als der geplante Schalendurchmesser

3: Sägen der Form des Rohlings

Hierfür ist die Bandsäge mit ihrer großen Schnitttiefe von unschätzbarem Wert. Jedes weitere Schneiden gelingt mit ihr wesentlich akkurater als mit der Kettensäge. Zeichnen Sie die Bezugslinie C aus Abb. 19 (Seite 28) ein. Sie stellt sicher, dass sich die beiden Tiefpunkte auf dem Rand auf einer Höhe befinden. Eben-

Abb. 3a Der Stammabschnitt wurde zum Bandsägeblatt korrekt ausgerichtet. Die weißen Kreidemarken auf der Rinde geben den maximalen Schalendurchmesser an

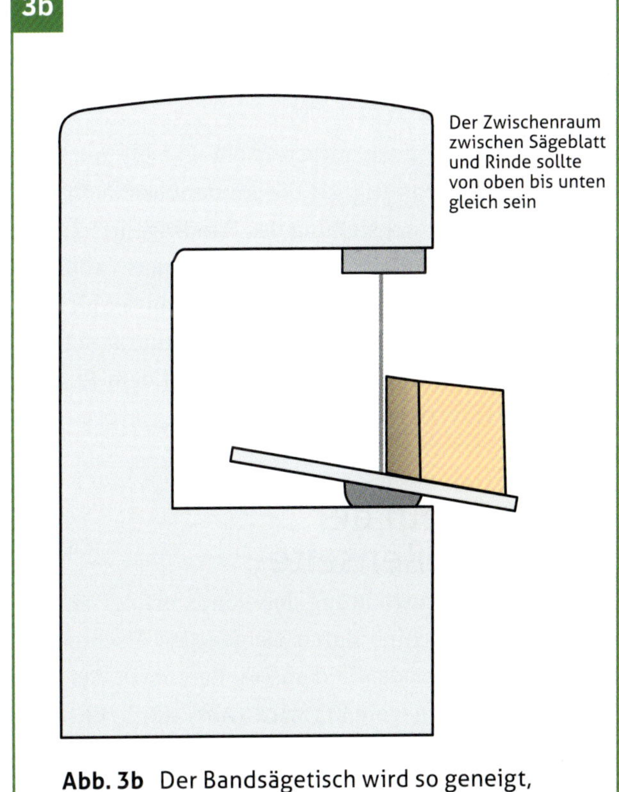

Abb. 3b Der Bandsägetisch wird so geneigt, dass das obere Ende der Schale parallel zum Blatt verläuft

Abb. 3c Die Bandsäge schneidet am unteren Ende des Rohlings entlang. Unterhalb des Schalenfußes wurde eine großzügige Aufspannzugabe stehengelassen

Abb. 3d Der runde Rohling wird auf dem horizontalen Bandsägetisch herausgeschnitten

so sollen die beiden Hochpunkte auf einer Höhe liegen. Das bedeutet, dass die untere Linie parallel zu den beiden Spitzen geschnitten werden muss. Dazu legt man das Holzstück auf den Tisch der Bandsäge, bringt die Spitzen mit dem Bandsägeblatt in eine Flucht und neigt den Tisch so weit, dass beide Spitzen gleichzeitig das Blatt berühren (Abb. 3a+b). In dieser Position stellt man den Tisch fest und schneidet entlang des unteren Endes des Rohlings (Abb. 3c).

Wenn Sie das noch nie gemacht haben, zeichnen Sie den Kreis sorgfältig auf die Rindenoberfläche und schneiden nach Rückstellung des Bandsägentisches in die Horizontale den runden Rohling heraus (Abb. 3d). Mit jedem vollzogenen Schritt kommt man der fertigen Schale etwas näher. Wenn Sie relativ akkurat schneiden, wird der Fluss der Rindenkante auf dem Rohling der Form der fertigen Kante ähneln.

4: Drechseln der Schalenaußenseite

Die endgültige Ausrichtung des Rands erfolgt auf der Ständerbohrmaschine durch Neigen des Tisches und Ausrichten des Rands mit dem Ständer, bevor das Loch für das Stiftfutter gebohrt wird (Abb. 4a, b, c). Bohren Sie das Loch 38 mm tief mit einem Sägezahn- oder Forstner-Bohrer (Abb. 4d), und spannen Sie den Rohling dann in die Drehbank. Nehmen Sie den Reitstock falls möglich ab, damit genügend Platz vorhanden ist.

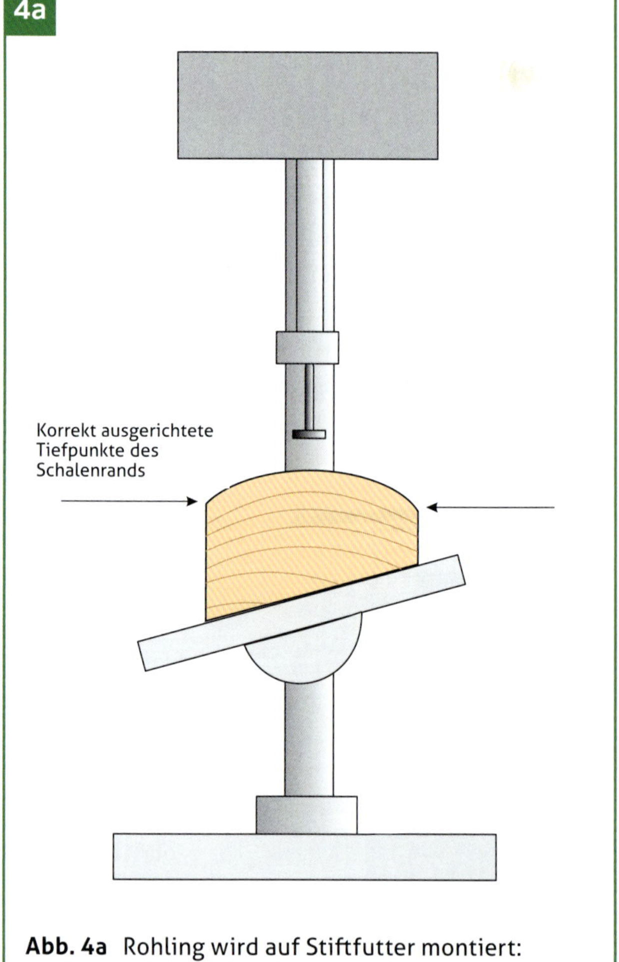

Abb. 4a Rohling wird auf Stiftfutter montiert: der Rand wird durch Neigen des Tisches der Ständerbohrmaschine vor dem Bohren des Loches ausgerichtet

Abb. 4b Rohling wird auf Stiftfutter montiert. Hochpunkte werden mittels Anschlagwinkel ausgerichtet;

Abb. 4c Flucht der Tiefpunkte wird mit dem bloßen Auge geprüft

Abb. 4d Mit einem Forstner-Bohrer in der Ständerbohrmaschine wird ein akkurates Loch für das Stiftfutter gebohrt

Falls Sie den Rohling lieber zwischen den Spitzen einspannen, bohren Sie die Rinde in der Mitte mit einem 25-mm-Bohrer weg, – das entspricht dem Durchmesser des Mitnehmers oder mehr –, damit er fest sitzt. Spannen Sie den Rohling leicht zwischen den Spitzen ein, und rotieren Sie ihn langsam von Hand, so dass Sie eine etwaige Unwucht des Rands beurteilen können (Abb. 4e+f). Die beiden Hochpunkte auf dem Rand sollten auf einer Höhe liegen und ebenso die Tiefpunkte. Diese Ausgewogenheit kann je nach Bedarf durch Veränderung der Position der Reitstockspitze im Rohling reguliert werden. Der Drechselablauf ist ähnlich wie mit einem Stiftfutter, bis auf die Tatsache, dass der Werkzeugansatz in Reitstocknähe etwas schwieriger ist.

Stellen Sie die Geschwindigkeit auf etwa 1200 Umdrehungen pro Minute ein, nehmen Sie wiederum die 13-mm-Röhre mit tiefem Profil, und Sie können mit dem Drechseln beginnen.

Abb. 4e Aufspannen zwischen den Spitzen: der Rohling wird von Hand gedreht, um zu prüfen, ob die Hochpunkte und

Abb. 4f die Tiefpunkte des Rands jeweils auf einer Höhe liegen

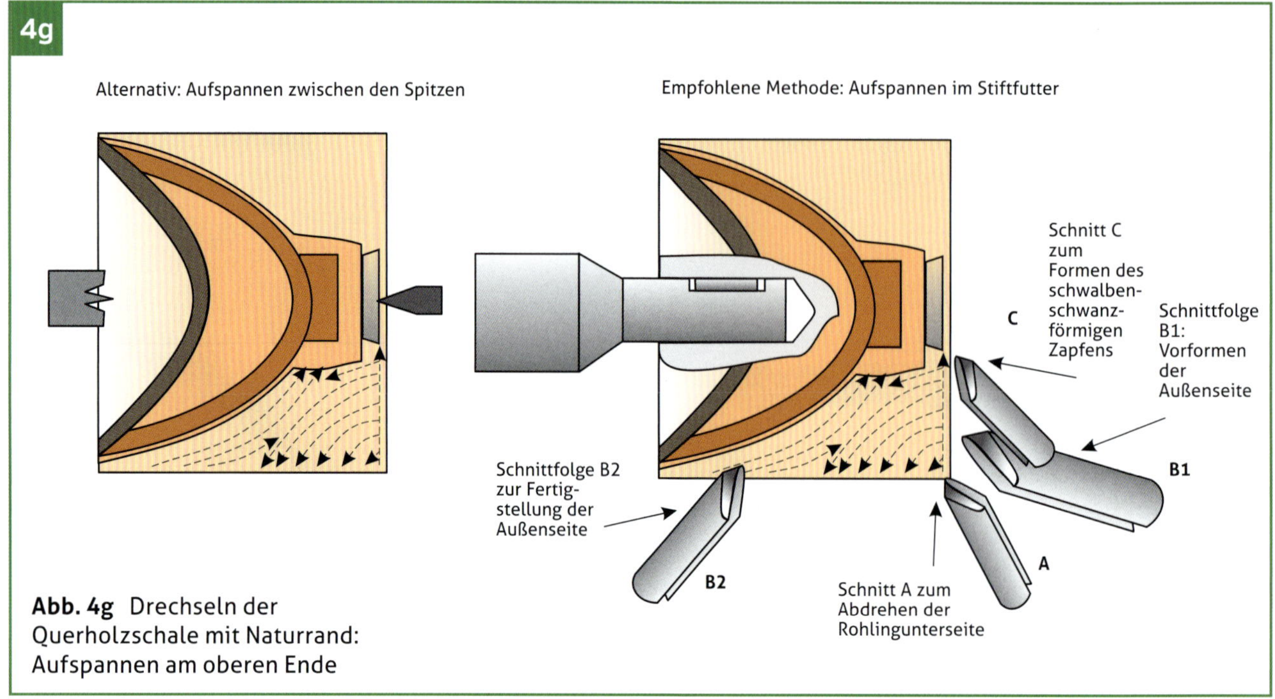

Abb. 4g Drechseln der Querholzschale mit Naturrand: Aufspannen am oberen Ende

Die Schnittfolge für das Formen der Außenseite ist in den Abbildungen 4g–n dargestellt. Wie bei allen Querholzschalen besteht der richtige Weg, um beim Drechseln der Außenseite mit der Faser zu schneiden, darin, dass das Werkzeug vom kleinen Durchmesser zum großen zeigt. Das bereitet am Anfang beim Schneiden in das feste Holz (Schnittfolge B1) keine Probleme; wenn sich der Schnitt allerdings von unten der Rindenkante nähert, besteht die Gefahr, dass die Rinde von der Röhre abgestoßen wird. Daher muss man im Rindenbereich und insbesondere, wenn die endgültige Form fast erreicht ist, statt dessen vom Rand zum Fuß schneiden (Schnittfolge B2 in Abb. 4g und 4n). Obgleich dieser Schnitt gegen die Faser läuft, ist die Oberfläche bei Grünholz gut, vorausgesetzt das Werkzeug ist scharf und der Schnitt wird langsam und sorgfältig ausgeführt.

Abb. 4h Nach Abdrehen der Rohlingunterseite (Schnitt A in Abb. 4g) beginnt Schnittfolge B1 mit dem Abschrägen der Ecke

Abb. 4i Eine Reihe flüssiger Schnitte, die der Form des Fußes und der Schalenwand folgen, gibt dem Profil die Form eines Karnieses

Abb. 4j Bei Schnittfolge B1 ist wichtig, kurz vor dem Randbereich zu stoppen, um nicht die Rinde abzuschlagen

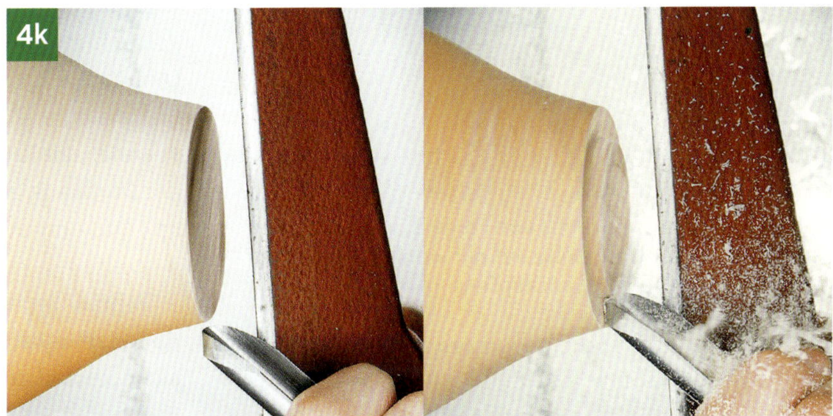

Abb. 4k Plandrehen der Unterseite vor der Ausbildung des schwalbenschwanzförmigen Zapfens

Abb. 4l Ausbildung des schwalbenschwanzförmigen Zapfens (Schnitt C). Der erforderliche Durchmesser wird mit einem Stechzirkel an den Klemmbacken des Spannfutters abgegriffen und übertragen (a), die Markierung mit Bleistift nachgezogen (b) und der Schnitt mit dem vom Körper wegzeigenden Röhrenprofil (c) ausgeführt

Abb. 4m Der letzte Schnitt von Folge B1 reduziert den Durchmesser der Unterseite auf nur wenig mehr als auf den des Schwalbenschwanzzapfens

Abb. 4n Die letzten Schnitte werden zum Schutz der Rinde vom Rand zum Fuß ausgeführt (Folge B2)

Neuerdings tendiert man dazu, Naturränder unterbrochen zu drechseln. Ein solcher Rand ist insbesondere beim Drechseln des Schaleninneren schwerer zu erkennen. Sie können die Sicht verbessern, indem Sie die Späne vom Bankbett entfernen und eine stabile weiße Plastikplatte oder weißen Karton in Blickrichtung hinter die Schale stellen. Stellen Sie die Lampe so hin, dass die unterbrochene Kante bestmöglich ausgeleuchtet wird; der Unterschied kann erheblich sein (Abb. 4o).

Sobald der Zapfen für das spätere umgekehrte Aufspannen der Schale vorbereitet ist, kann die Schale von der Drehbank genommen und umgedreht werden (Abb. 4p). Das umgekehrte Aufspannen wird in Abb. 4q dargestellt.

Fahren Sie wie in Übung 6 noch einmal über die Außenseite der rückwärtig aufgespannten Schale, um sicherzustellen, dass sie absolut rund läuft (Abb. 4r). Bearbeiten Sie die Außenseite für das letzte Finish dann nötigenfalls durch schneidendes Schaben (Abb. 4s).

Abb. 4o Schale nach Schnitt E. Der weiße Hintergrund verbessert die Sichtbarkeit der unterbrochenen Kante

Abb. 4p Die Schale ist mit dem schwalbenschwanzförmigen Zapfen in den O'Donnell-Klemmbacken umgekehrt aufgespannt

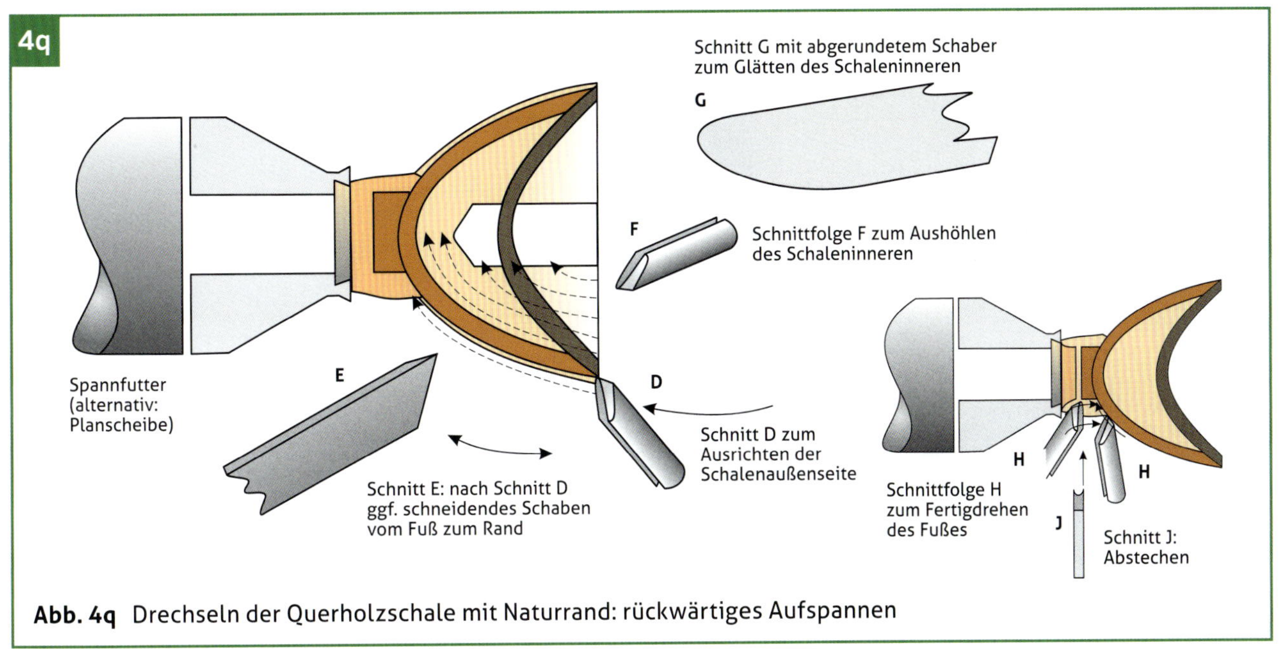

Abb. 4q Drechseln der Querholzschale mit Naturrand: rückwärtiges Aufspannen

Abb. 4r Ausrichten der Außenseite nach rückwärtigem Aufspannen (Schnitt D)

Abb. 4s Schneidendes Schaben vom Fuß zum Rand für das letzte Finish der Außenseite (Schnitt E)

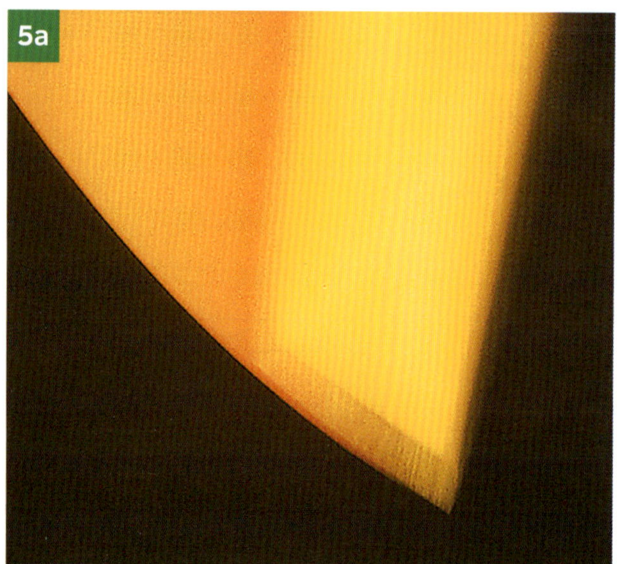

Abb. 5a Eine helle Lampe hinter der Schale lässt die Wandstärke am unterbrochenen Rand deutlich erkennen

5: Drechseln des Schaleninneren

Drechseln Sie das Schaleninnere wie in Übung 6. Beginnen Sie in der Mitte und folgen Sie der endgültigen Form, bis die Wandstärke 3 mm beträgt. Stellen Sie zur Prüfung der Dicke eine Lampe hinter die Schale; in dem Bereich, in dem der Rand unterbrochen ist, ist die aktuelle Wandstärke erkennbar (Abb. 5a). Wenn Sie zuvor ein Stiftfutter verwendet haben, geht das Herausdrehen des Schaleninneren wesentlich einfacher und schneller, weil die Schalenmitte – der letzte und schwierigste Teil jedes Schnittes – bereits stark ausgehöhlt wurde.

Wiederum führe ich lieber sämtliche Schnitte vom Rand zum Fuß in einem Zug aus, jeweils unter Einhaltung der endgültigen Form, bis die gewünschte Wandstärke erreicht ist. Unterstützen Sie von außen mit der Hand; doch dieses Mal muss man noch vorsichtiger sein, weil die Stabilität des unterbrochenen Naturrands problematisch sein kann, wenn er immer dünner wird (Abb. 5b).

Wenn die Dicke überall 13 mm beträgt, können Sie alternativ fortfahren, nur den Randbereich auf die endgültige Dicke zu drechseln. Dann kann der Rest im Schaleninneren wie bei einer normalen Schale gedrechselt werden und der letzte Schnitt bis zum Rand durchgehen (Abb. 5c). Das Glätten des Schalenbodens mit einem großen Schaber ist in Ordnung (Abb. 5d); den Schaber nach oben in die Nähe des Naturrands zu bringen, kann jedoch gefährlich sein.

Wie im vorangegangenen Projekt schleife ich den Rest der Schale lieber, bevor ich den Bereich des Fußes fertig drehe (Abb. 5e).

Abb. 5b Aushöhlen des Schaleninneren (Schnittfolge F); die Schale wird bei abnehmender Wandstärke mit der Hand unterstützt

5c

5d

Abb. 5c Letzte Phasen von Schnittfolge F: der untere Teil des Schaleninneren geht in den bereits ausgehöhlten Rand über

Abb. 5d Glätten des Schalenbodens mit dem abgerundeten Schaber (Schnitt G). Es ist nicht ratsam, damit am zerbrechlichen Rand zu arbeiten

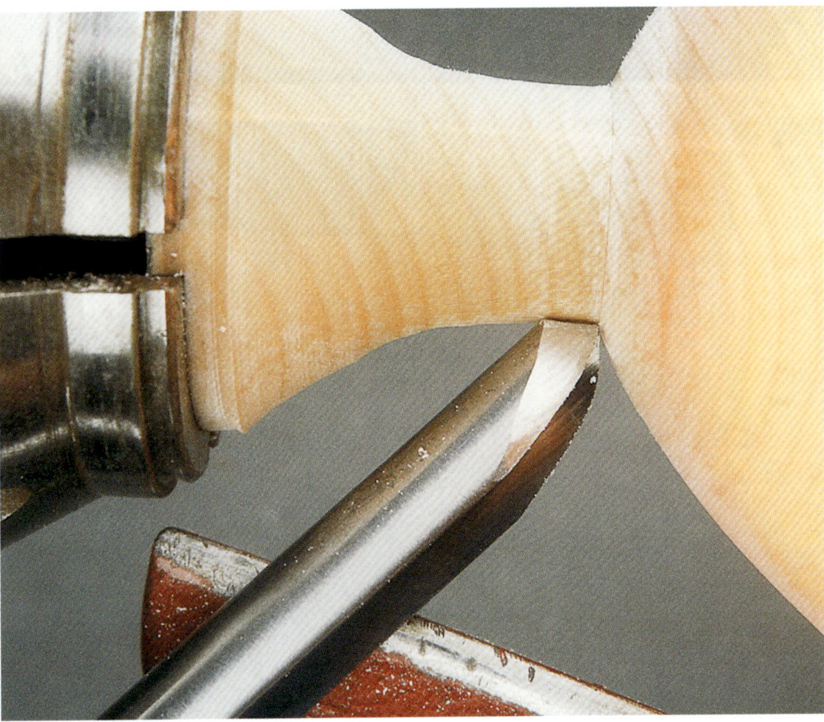

Abb. 5e Den Fuß formt man durch Schneiden abwechselnd (a) gegen den Schaft und (b) entlang des Schafts (Schnitt H)

Abb. 6a Innen und außen schleift man von Hand

Abb. 7a Abstechen. Wenn Sie befürchten, dass Ihnen die Schale herunterfällt, können Sie die Drehbank ausschalten und die letzten 6 mm absägen

8a

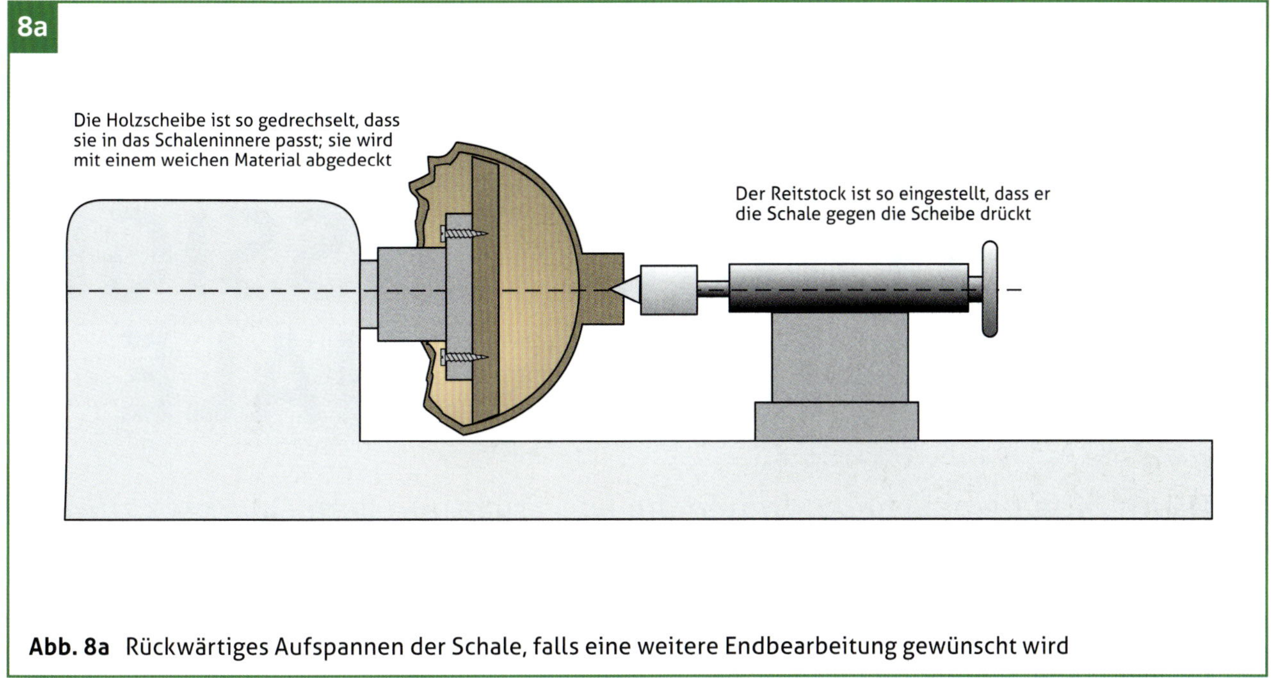

Abb. 8a Rückwärtiges Aufspannen der Schale, falls eine weitere Endbearbeitung gewünscht wird

6: Schleifen

Die Schale wird auf der Drehbank innen und außen von Hand nass geschliffen (Abb. 6a), wie auf Seite 58–59 beschrieben.

7: Abstechen

Der letzte Arbeitsgang ist das Abstechen (Abb. 7a). Nur für den Fall, dass ich die Schale nicht auffange, arbeite ich mit dem Abstechstahl immer bis auf 6 mm herunter, schalte die Drehbank aus und säge die Schale mit einer kleinen Handsäge ab. Im trockenen Zustand kann die Fußunterseite mit einem Schnitzeisen abgeflacht und vertieft werden.

8: Rückwärtiges Aufspannen

Wenn Sie die Unterseite des Fußes weiter drechseln wollen, müssen Sie die Schale umgekehrt wieder aufspannen. Der Vorgang ist etwas anders als bei den Schalen mit flachem Rand, da wir hier keine feste Kante zum Greifen haben. Man drechselt eine Scheibe, deren Rand an der Stelle, an der sie auf das Schaleninnere trifft, mit dessen Form übereinstimmt und deckt sie mit einem leichten, dünnen Material ab, um keine Spuren im Schaleninneren zu hinterlassen. Man stülpt die Schale darüber und stellt den Reitstock so ein, dass sie in Position gehalten wird. Der Schalenfuß kann dann fertig gedreht werden (Abb. 8a).

9: Trocknen

Da diese Schale dicker ist als die Schale aus Übung 6, sollte man sie etwas langsamer trocknen, d. h. 3 bis 4 Tage lang an einem kühlen und feuchten Ort und sie dann ins Haus stellen.

10: Finish aufbringen

Siehe zum Thema Finish Seite 61.

3

LICHTDURCHLÄSSIGE HIRNHOLZSCHALE

Wenn man beim Schalendrehen die Faserrichtung vom Querholz zum Hirnholz wechselt, ist das, als würde man von vorne beginnen. Die Maserungen sind anders, die Drechselmethoden sind anders, die Schnittfolgen sind anders und Planung und Holzvorbereitung sind anders. Es ist eine andere Art zu drechseln. Ich fand es sehr erfrischend, vom ewigen Drehen von Querholzschalen einmal zu Hirnholzschalen überzuwechseln.

Design

Eine Schale mit einem Durchmesser von etwa 140 mm, einer Höhe von 90 mm und einer Wandstärke von 3 mm hat eine gute Größe für den Anfang, und dieses Mal drechseln wir eine runde Schale.

Bemaßung des Rohlings

Unter Berücksichtigung der Rinde und der unregelmäßigen Form benötigen wir einen 158 mm langen Ast mit einem Durchmesser von etwa 180–190 mm. Siehe Tabelle oben rechts.

Materialwahl

Für die Holzwahl gilt ähnlich wie bei den Querholzschalen, dass das Holz frisch, feinporig und leicht zu drechseln sein sollte, keinen Unterschied zwischen Kern- und Splintholz aufweisen und in dünnem Zustand lichtdurchlässig sein sollte. Nehmen Sie einen sauberen, kurzen Stamm, der gerade etwas größer ist als erforderlich, und der Rohling ist praktisch vorbereitet.

Hirnholzarbeit gefällt mir, weil man kleine Stämme oder Äste verarbeiten kann und es vom Stamm zur Drehbank nur wenige Minuten sind. Bei Hirnholzarbeiten liegt das Mark zwangsläufig in der Schalenmitte, und Kernrisse um das Mark könnten Sie in Ihrer Holzwahl einschränken. Obwohl man Risse im fertigen Werkstück ausfüllen, leimen und glätten kann, lohnt es nicht die Mühe, denn sie sehen immer wie ausgefüllte Risse aus. Bei einem Übungsstück kommt es aber nicht darauf an.

	Durchmesser mm	Höhe mm
Schalengröße[1)]	140	90
8–10 % Schwundzugabe	14	0
Zugabe für das Schlichten:		
Seiten	12	
oben		12
unten		6
Zugabe für das Abstechen		6
Zugabe für den Werkzeugansatz		12
Zugabe für das Aufspannen[2)]		32
Gesamt	166	158

Anmerkung:
1) Angaben ohne Rinde
2) nur bei Verwendung einer 25 mm Planscheibe, deren Schrauben 19 mm tief in das Holz eindringen

PLANUNG DES ARBEITSABLAUFS

1. Markieren Sie die Länge des Rohlings auf dem Stamm.
2. Sie den Stamm mit der Kettensäge, der Bandsäge oder der Stahlrohrbügelsäge ab.
3. Spannen Sie das Stück zum Schlichten zwischen den Spitzen ein, schruppen Sie den Schalenrohling grob vor, und bereiten Sie die Fläche für die Planscheibe vor.
4. Drechseln Sie die Außenseite. Spannen Sie dazu die Schale mit der Unterseite auf der Planscheibe auf.
5. Drechseln Sie auch das Schaleninnere auf der Planscheibe.
6. Schleifen Sie.
7. Stechen Sie ab.
8. Spannen Sie die Schale mittels Klemmbackenplatten aus Holz im Spannfutter auf der Rückseite auf, um die Unterseite fertig zu drehen.
9. Trocknen Sie die Schale 4 bis 5 Tage lang an einem kühlen Ort.
10. Tragen Sie ein Finish auf.

HERSTELLUNG DES WERKSTÜCKS

1: Einzeichnen des Rohlings

Zeichnen Sie die Lage der fertigen Schale auf einem Astende ein, und definieren Sie dieses als das obere Ende. Markieren Sie dann die Länge des Rohlings.

2: Schneiden des Stammabschnitts für den Rohling

Längen Sie den Stamm mit der Ketten-, Band- oder Stahlrohrbügelsäge auf das erforderliche Maß ab.

Zeichnen Sie auf beiden Enden des Stammes einen Kreis auf, um die Mitte zu ermitteln. Kennzeichnen Sie, welches Ende das obere Ende der Schale sein soll (Abb. 2a).

Abb. 2a Der auf erforderliches Maß abgesägte Rohling mit einer Mittenmarkierung auf jedem Ende – vor dem Einspannen in die Drehbank ist keine weitere Vorbereitung erforderlich

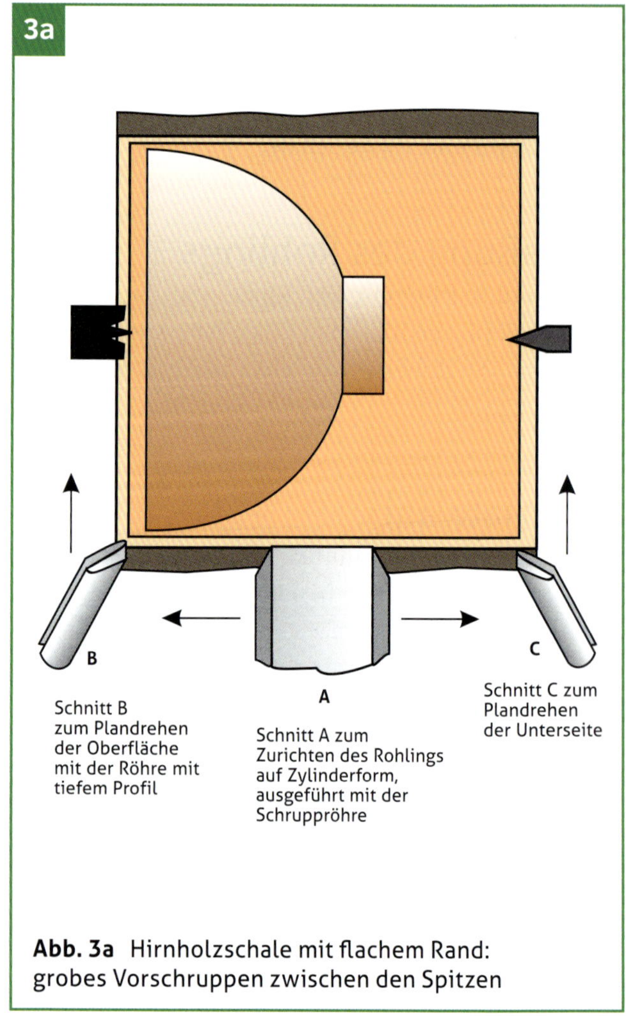

Abb. 3a Hirnholzschale mit flachem Rand: grobes Vorschruppen zwischen den Spitzen

3: Vorschruppen des Rohlings

Spannen Sie den Ast mit dem oberen Ende in Richtung Spindelkasten zwischen die Spitzen. Auf diese Weise ist der Werkzeugansatz beim Schlichten und Ebnen der Unterseite sowie bei der Vorbereitung des Rohlings für das rückwärtige Aufspannen besser (Abb. 3a). Schlichten Sie den Rohling bei einer Drehbankgeschwindigkeit von etwa 1200 Umdrehungen/Minute mit einer 32-mm-Schrupppröhre (Abb. 3b), und kappen Sie beide Enden mit einer Röhre mit tiefem Profil zur Befestigung einer Planscheibe auf der Unterseite rechtwinklig ab. Arbeiten Sie die Unterseite leicht konkav, damit der Rohling am Planscheibenrand gehalten wird (Abb. 3c). Zeichnen Sie auf den rotierenden Rohling etwa im richtigen Durchmesser einige Bleistiftlinien als Orientierungshilfe beim Zentrieren der Planscheibe (Abb. 3d).

Abb. 3b Zurichten des Rohlings auf Zylinderform mit der Schrupppröhre (Schnitt A)

Abb. 3c Plandrehen der Unterseite zu einer leicht konkaven Fläche mit der Röhre mit tiefem Profil für den festen Sitz am Planscheibenrand (Schnitt C)

Abb. 3d Mit Bleistift gezeichnete konzentrische Kreise auf der Unterseite des Rohlings (a) sind eine gute Orientierungshilfe beim Befestigen der Planscheibe (b)

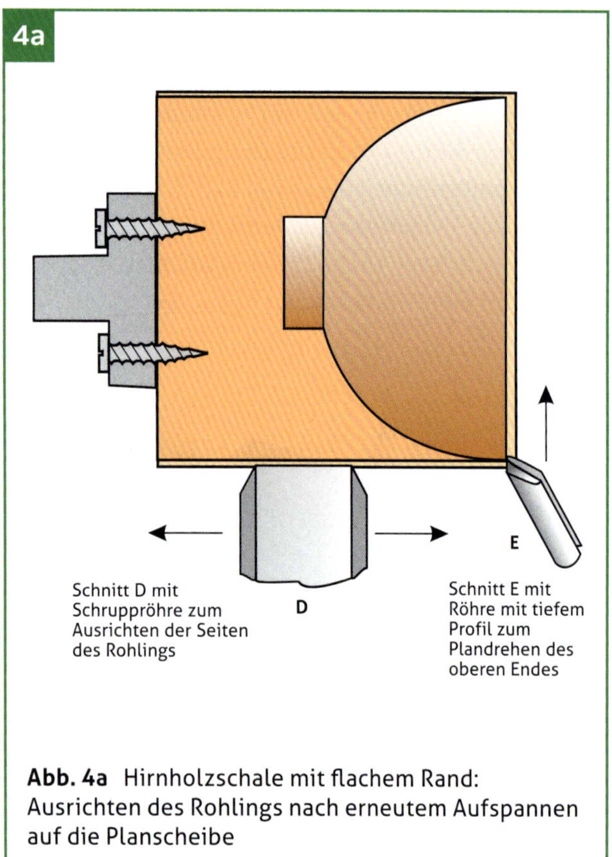

Abb. 4a Hirnholzschale mit flachem Rand: Ausrichten des Rohlings nach erneutem Aufspannen auf die Planscheibe

Abb. 4b Ausrichten der Außenseite nach erneutem Aufspannen des Rohlings auf die Planscheibe; Reitstock wurde für den besseren Werkzeugansatz abgenommen

Abb. 4c Ausgerichteter Schalenrohling; Schalenhöhe ist mit Bleistift angezeichnet

4: Drechseln der Außenseite

Sobald der Rohling auf der Planscheibe befestigt ist, kann es sein, dass er leicht außermittig läuft. Bringen Sie den Reitstock jedoch nicht in die frühere Mitte, weil dadurch zusätzliche Belastung auf die Schrauben aufgebracht werden kann. Sie müssen der Spannvorrichtung wirklich trauen. Deshalb wird der Reitstock am besten ganz abgenommen; so kommt er weder dem Werkzeug noch Ihrem Arm in den Weg. Schlichten Sie die Außenseite wiederum mit der Schrupppröhre, und führen Sie mit der Röhre mit tiefem Profil auf dem oberen Schalenende zum Plandrehen der Randoberfläche einen feinen Schnitt aus (Abb. 4a und 4b).

Beim Schalendrehen gilt, dass man bei Hirnholzschalen das Schaleninnere zuerst drechselt und fertig dreht. Ein Problem kann aber sein, dass man die Schalenform zunächst innen festlegt, wo man keine gute Sicht hat. Diese Schwierigkeit brachte mich dazu, größere Hirnholzschalen andersherum zu arbeiten, und der Unterschied war erheblich; sie waren in fast der Hälfte der Zeit fertig und hatten eine wesentlich bessere Form.

Die Regel entstand im Zusammenhang mit Objekten, wie Bechern, bei denen der Stiel zum Drechseln des Schaleninneren nicht stabil genug gewesen wäre, wenn man die äußere Form zuerst gearbeitet hätte. Man kann die Außenseite zuerst drechseln, vorausgesetzt, man lässt genug Holz zum Aufspannen stehen, das zum Drechseln des Schaleninneren genügend Stabilität gibt.

Wenn Sie die Außenseite zuerst drechseln, müssen Sie als nächstes die Schalenhöhe (ohne Fuß) vom Rand nach unten markieren (Abb. 4c). Damit haben Sie eine wertvolle optische Hilfe bei dem, was Sie tun, und können sehen, wo Sie sich befinden. Das Restholz kann dann mit der Röhre mit tiefem Profil entfernt werden, siehe Schnittfolge F in Abb. 4d und 4e.

Nehmen Sie nun zum Formen der Außenseite die Röhre mit tiefem Profil und arbeiten Sie wie gewöhnlich vom großen Durchmesser zum kleinen (Schnittfolge G1; Abb. 4f). Der gesamte letzte Formschnitt wird am besten vom Rand zum Fuß in einem Durchgang gemacht; so erhalten Sie eine wesentlich saubere Rundung. Mit ein wenig Glück dürfte das Ergebnis gleich in Ordnung sein; falls nicht, schlichten Sie mit dem rechtwinkligen Schaber, um die Außenseite fertig zu arbeiten (Schnitt G2; Abb. 4g).

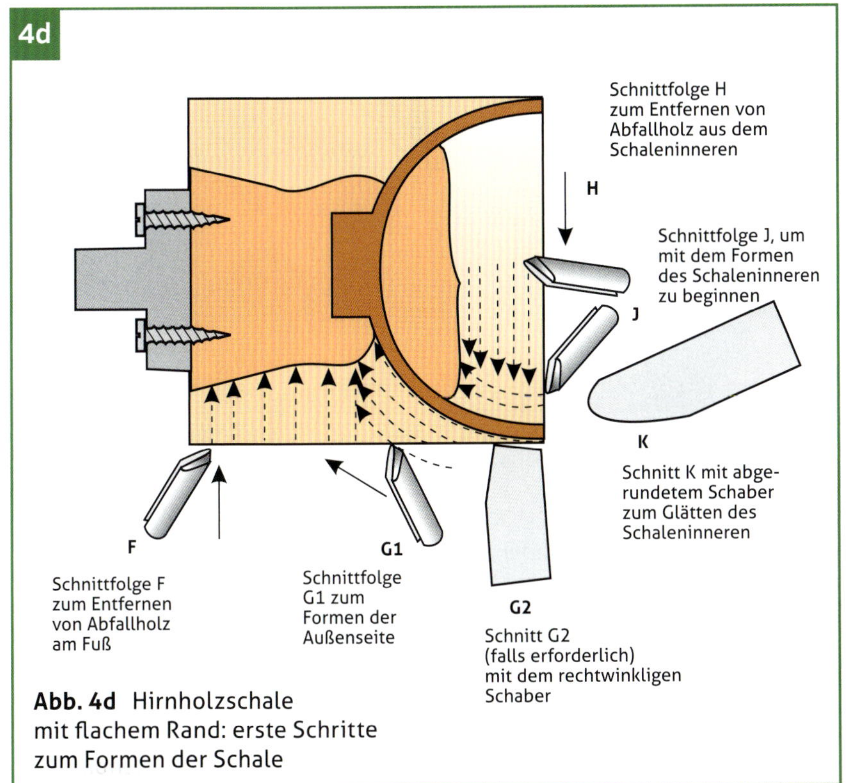

Abb. 4d Hirnholzschale mit flachem Rand: erste Schritte zum Formen der Schale

Abb. 4e Entfernen des Restholzes am Fuß mit der Röhre mit tiefem Profil (Schnittfolge F)

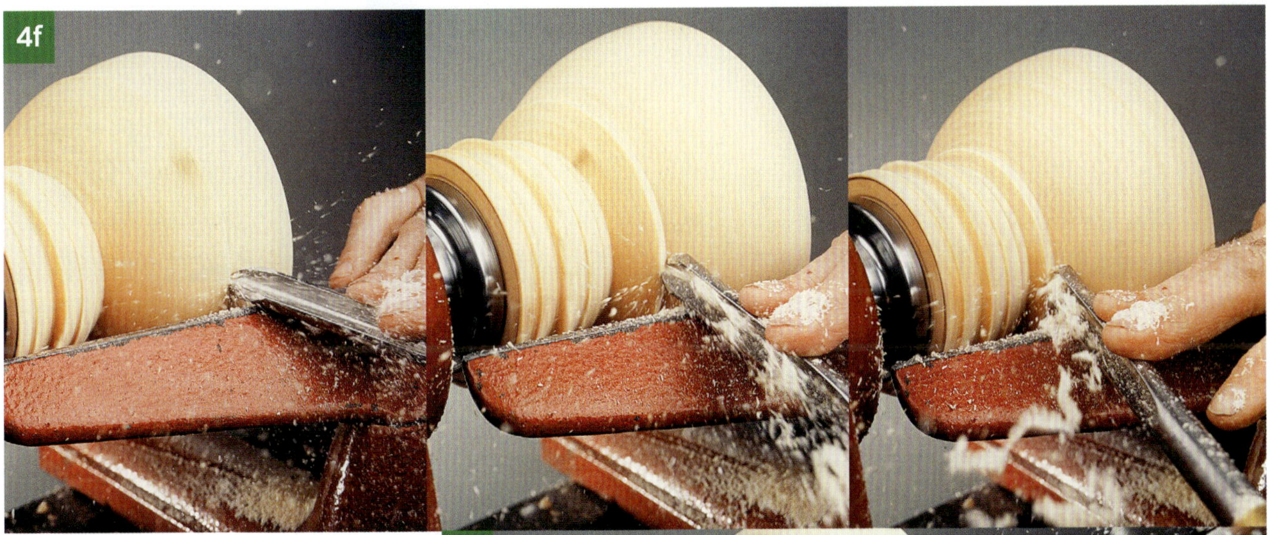

Abb. 4f Formen der Außenseite mit der Röhre mit tiefem Profil (Schnittfolge G1)

Abb. 4g Die Außenseite wird ggf. mit dem rechtwinkligen Schaber geschlichtet (Schnitt G2)

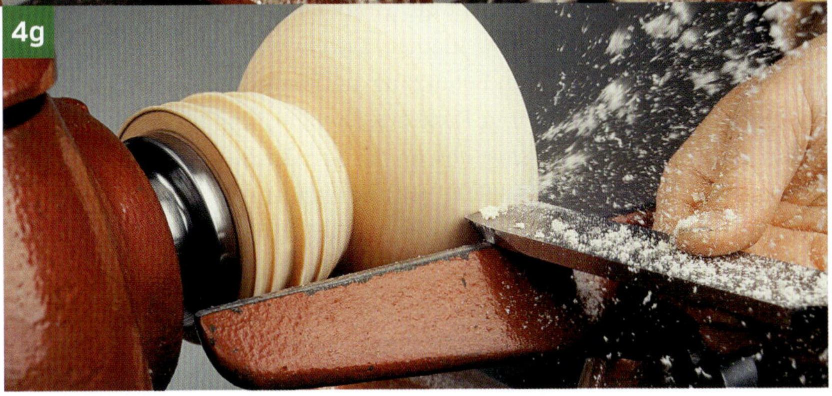

Abb. 5a Entfernen von Abfallholz aus dem Schaleninneren durch Ziehen der Röhre mit tiefem Profil bis zum oberen Schalenende (Schnittfolge H)

Abb. 5b Glätten des Schaleninneren durch Schneiden vom Rand in Richtung Boden (Schnittfolge J)

5: Drechseln des Schaleninneren

Wenn Sie auf einer Drehbank mit drehbarem Spindelkasten arbeiten, verbessern einige Grad Drehung den Werkzeugansatz beim Aushöhlen der Schale. Um im Inneren einer Hirnholzschale mit der Faser zu arbeiten, sollte das Werkzeug vom kleinen Durchmesser zum großen zeigen. Bei der Benutzung herkömmlicher Röhren ist die gleichzeitige Kontrolle über die Fase nicht möglich. Drehen Sie statt dessen das Schaleninnere in zwei Phasen, damit die Schale innen stabiler ist, wenn sie zum Rand hin fertig gedreht wird. Nehmen Sie zunächst Holz weg, indem Sie die Röhre mit tiefem Profil durch die Schale ziehen (Schnittfolge H und Abb. 4d und 5a), was leichter ist, als in den Hirnschnitt zu drücken. Bei diesem Vorgang wird das meiste Abfallholz zügig entfernt, Form und Finish sind jedoch grob. Verbessern Sie die Form mittels Schnittfolge J (Abb. 4d und 5b); danach sollte die endgültige Form mit einem sehr großen, abgerundeten Schaber mit langem Griff, der mit der Seite schneidet, gearbeitet werden. Die Schalenwand muss dabei am Rand mit der Hand unterstützt werden (Schnitt K, Abb. 4d und 5c). Wiederholen Sie diesen Vorgang (Schnittfolgen L und M in Abb. 5d; Schnitt N in Abb. 5e), um das Schaleninnere auf die volle Tiefe zu bringen.

Alternativ kann man wie bei einer Querholzschale vom Rand zum Fuß aushöhlen. Stellen Sie dann den Boden mit dem großen Schaber fertig. Zum Aushöhlen von Hirnholzschalen kann man ebenso Ringeisen nehmen und mit ihnen mit der Faser schneiden, doch ich finde, man arbeitet mit einer Röhre mit tiefem Profil und einem Schaber schneller und hat bessere Kontrolle über die Form.

6: Schleifen

Schleifen Sie zu diesem Zeitpunkt, wo am Fuß für eine bessere Stabilität immer noch ein wenig Abfallholz vorhanden ist (Abb. 6a), innen und außen nass.

Wie beim vorangegangenen Projekt bildet man den Fuß aus, indem man mit der Röhre mit tiefem Profil abwechselnd entlang des Fußes und gegen den Fuß schneidet (Schnittfolgen O und P; Abb. 5e und 6b).

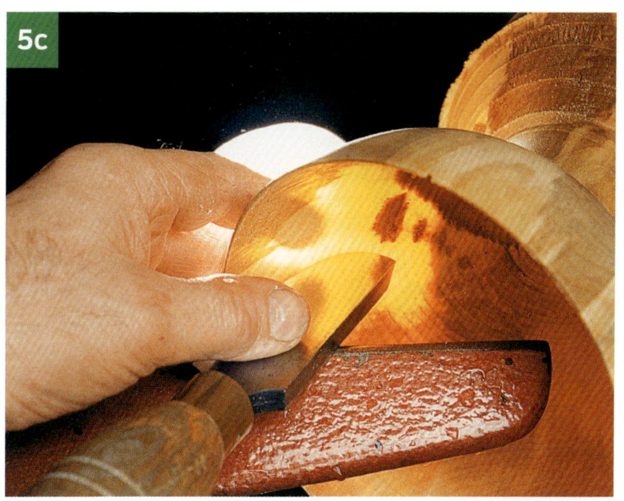

Abb. 5c Letzter Formschnitt im Schaleninneren mit abgerundetem Schaber; der Rand wird mit der Hand unterstützt (Schnitt K)

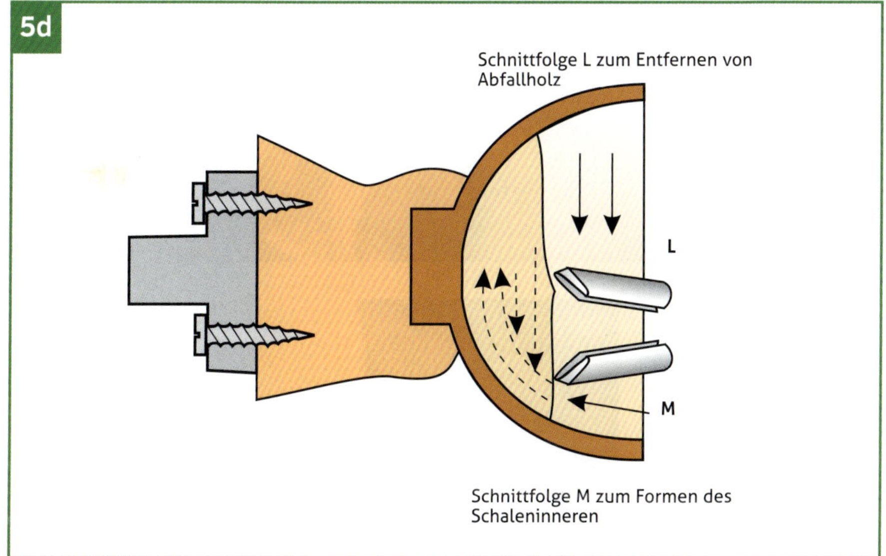

Abb. 5d Hirnholzschale mit flachem Rand: Innenform bereits weit ausgebildet

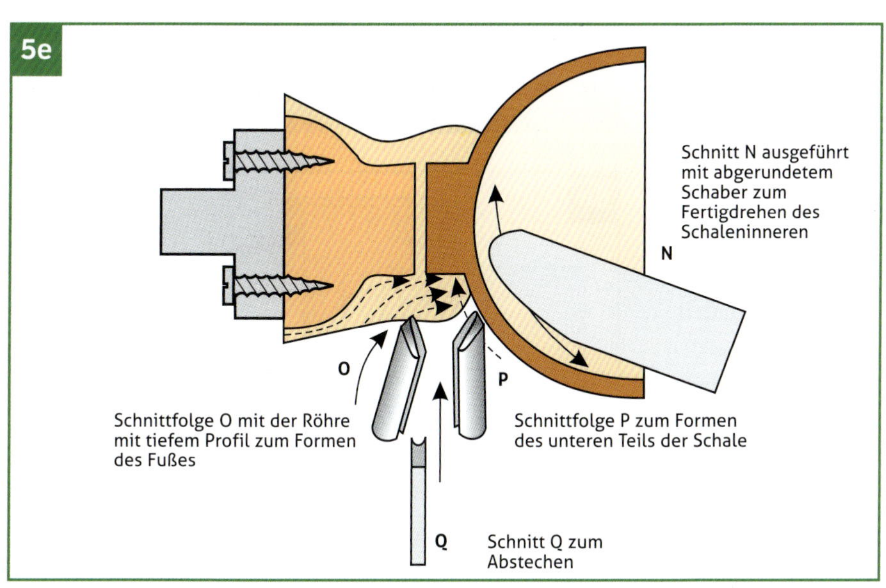

Abb. 5e Hirnholzschale mit flachem Rand: letzte Phasen beim Drechseln auf der Planscheibe

6a

6b

Abb. 6a Innen und außen schleift man nass. Achten Sie darauf, dass kein Wasser an elektrische Teile gelangt

Abb. 6b Den Fuß formt man durch Schneiden abwechselnd (a) entlang des Fußes und (b) gegen den Fuß (Schnittfolgen O und P)

7: Abstechen

Nehmen Sie zum Abstechen den 3-mm-Abstechstahl (Schnitt Q in Abb. 5e und 7a). Seien Sie vorsichtig, wenn Sie die Schale auffangen, damit die letzten Fasern den Boden nicht auftrennen.

8: Rückwärtiges Aufspannen

Um die Unterseite mit der Röhre mit tiefem Profil und dem rechtwinkligen Schaber, der mit der Seite schneidet, fertig zu drehen (Abb. 8c), muss die Schale ein drittes Mal, jetzt auf Holzklemmbacken aufgespannt werden (Abb. 8a und 8b). Dabei ist darauf zu achten, dass man der

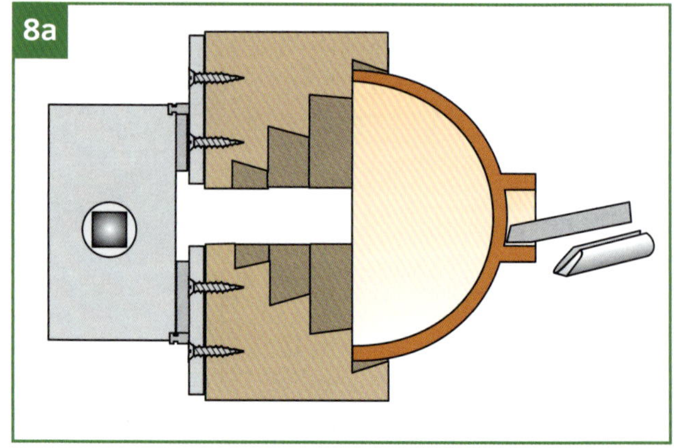

Abb. 7a Abstechen (Schnitt Q)

Abb. 8a Hirnholzschale mit flachem Rand: rückwärtig in Holzklemmbacken aufgespannt zum Fertigdrehen des Fußes

Rundung des Schaleninneren folgt. So verringert man die Gefahr des Auseinanderplatzens entlang des Marks. Ferner gibt es der Schale ein fertiges und professionelles Aussehen (Abb. 8d). Schleifen Sie die Unterseite nass.

9: Trocknen

Trocknen Sie die Schale langsam, d. h. 4 bis 5 Tage lang an einem kühlen Ort.

10: Finish aufbringen

Siehe Seite 61.

Abb. 8b Die Schale wird in die Holzklemmbacken eingespannt

Abb. 8c Fertigdrehen des Fußes: (a) Ausrichten der Außenseite mit der Röhre mit tiefem Profil; die Unterseite wurde bereits abgedreht und der Innendurchmesser mit Bleistift aufgezeichnet; (b) Aushöhlen mit der Röhre mit tiefem Profil; (c) Fertigdrehen mit dem rechtwinkligen Schaber, der mit der Seite schneidet

Abb. 8d Ein sorgfältig ausgehöhlter Fuß (der hier gerade geschliffen wird) gibt der Schale ein fertiges Aussehen

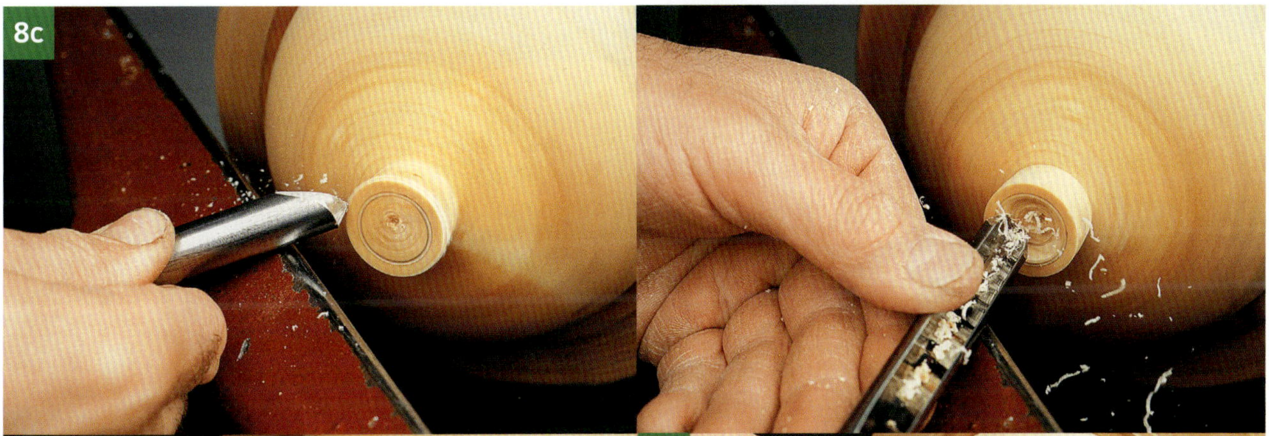

8c

8d

4

HIRNHOLZSCHALE MIT NATURRAND

Ich mag Hirnholzschalen mit Naturrand, weil sie eine einfache Form haben und leicht vorzubereiten und zu drechseln sind. Sie sind der nächsthöhere Schwierigkeitsgrad im Vergleich zur Hirnholzschale mit flachem Rand. Sie erfordern ein etwas anderes Herstellungsverfahren und insbesondere am Rand eine etwas andere Technik.

Design

Das Design des Rands – der der weiteste Teil einer Hirnholzschale ist, weil er durch die äußere Fläche des Stamms gebildet wird – hängt, wie auf S. 29 beschrieben, von der Form des Stammes ab. Je unregelmäßiger der Stammabschnitt, desto interessanter die Form des Randes. Seien Sie am Anfang nicht zu ehrgeizig, was die Form des Stammes angeht; das kann zu unnötigen Schwierigkeiten führen. Versuchen Sie es mit einem Ast, dessen Querschnitt leicht unregelmäßig, d. h. rechtwinklig bis oval ist und der einen Durchmesser von etwa 115–125 mm hat, aus dem Sie eine Schale von etwa 75 mm Höhe drechseln können.

Bemaßung des Rohlings

Der Stamm sollte 127 mm lang sein, wenn Sie ein Spannfutter benutzen, und 140 mm, wenn Sie eine Planscheibe benutzen.

Materialwahl

Da die Rinde Teil der fertigen Schale sein soll, sollte sie sich in einem guten Zustand befinden und dort, wo sich der Rand befinden soll, keine Fehlstellen aufweisen. Weitere Anforderungen siehe Punkt 1 Design.

PLANUNG DES ARBEITSABLAUFS

1. Schneiden Sie den Rohling mit einer Stahlrohrbügel-, Ketten- oder Bandsäge vom Stamm auf Länge.
2. Definieren und markieren Sie auf beiden Seiten die Mitte.
3. Schruppen Sie den Rohling zwischen den Spitzen grob vor, bringen Sie ihn ins Gleichgewicht, und drechseln Sie einen Zapfen für das spätere rückwärtige Aufspannen.
4. Spannen Sie den Rohling zum Drechseln und Schleifen des Schaleninneren auf ein Spannfutter.
5. Drechseln Sie die Schalenaußenseite in der gleichen Spannvorrichtung wie das Schaleninnere. Schleifen Sie nach jedem Vorgang.
6. Stechen Sie die Schale ab.
7. Trocknen Sie die Schale 2 bis 3 Tage lang an einem kühlen Ort.
8. Tragen Sie ein Finish auf.

HERSTELLUNG DES WERKSTÜCKS

1: Schneiden des Rohlings

Wählen Sie einen Stamm aus, und längen Sie ihn mit der Ketten- oder Bandsäge ab.

2: Markierung der Mitte

Definieren und markieren Sie auf beiden Seiten die Mitte und kennzeichnen Sie das obere Ende (Abb. 2a).

3: Grobes Vorschruppen des Rohlings

Der Rohling wird am oberen Ende aufgespannt (Abb. 3a), um ihn für das spätere rückwärtige Aufspannen wie folgt vorzubereiten: Abdrehen des oberen Endes, Ausgleichen von Unausgewogenheit und Erzeugen eines Zapfens.

Spannen Sie den Stamm leicht zwischen den Spitzen ein; dabei zeigt der Schalenrand in Richtung Spindelkasten (Abb. 3b). Prüfen Sie die Ausgewogenheit des Randes durch Drehen des Rohlings von Hand und rich-

Abb. 2a Abgelängter Stammabschnitt. Der Querschnitt dieses Stammes ist etwa dreieckig. Die Mitte wurde ausgehend von den drei Ecken mit dem Zirkel ermittelt

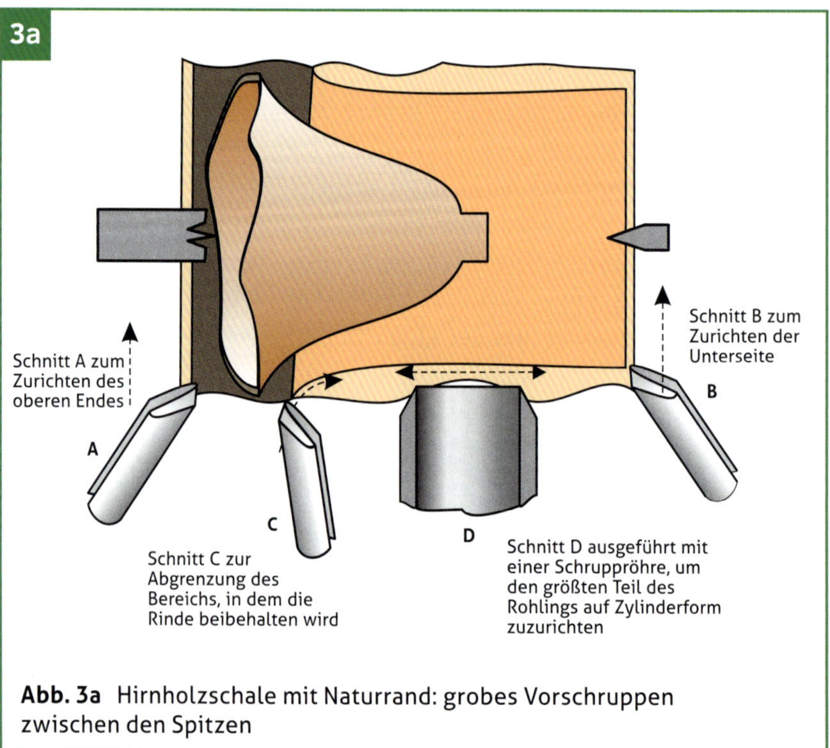

Abb. 3a Hirnholzschale mit Naturrand: grobes Vorschruppen zwischen den Spitzen

ten Sie eventuell die Antriebsspitze aus. Ziehen Sie schließlich den Reitstock fest, und stellen Sie die Drehbankgeschwindigkeit auf etwa 1200 Umdrehungen pro Minute ein. Schlichten Sie das obere und untere Ende des Stamms mit der Röhre mit tiefem Profil (Schnitte A und B in Abb. 3a und 3c), und ziehen Sie dann etwa 25 mm von oben eine Kreidelinie, die kennzeichnet, wo der Rand verlaufen soll, damit Sie ihn nicht versehentlich abdrehen. Machen Sie an der Kreidelinie einen ersten Schnitt mit der Röhre mit tiefem Profil, damit die Rinde im Randbereich nicht abgerissen wird (Schnitt C; Abb. 3a und 3d). Danach kann der Rest des Stamms leicht mit der Schrupprröhre zugerichtet werden (Schnitt D; Abb. 3a und 3e).

Bereiten Sie das untere Ende für das rückwärtige Aufspannen vor, indem Sie einen Zapfen erzeugen. Wenn Sie eine flache Fläche für eine Planscheibe vorziehen, vergessen Sie nicht, die Bleistiftlinien, wie im vorangegangenen Projekt beschrieben, einzuzeichnen (siehe die Seiten 101–102). Wenn Sie wie in den

Abb. 3b Aufspannen zwischen den Spitzen

Abb. 3c Zurichten der Enden (Schnitte A und B)

Abb. 3d Mit Schnitt C wird der Bereich (links von der weißen Kreidelinie), in dem die Rinde beibehalten wird, abgestochen

Abb. 3e Zurichten des restlichen Stammes auf Zylinderform mit einer Schruppröhre (Schnitt D)

Abb. 3f Erzeugung des schwalbenschwanförmigen Zapfens mit der Röhre mit tiefem Profil

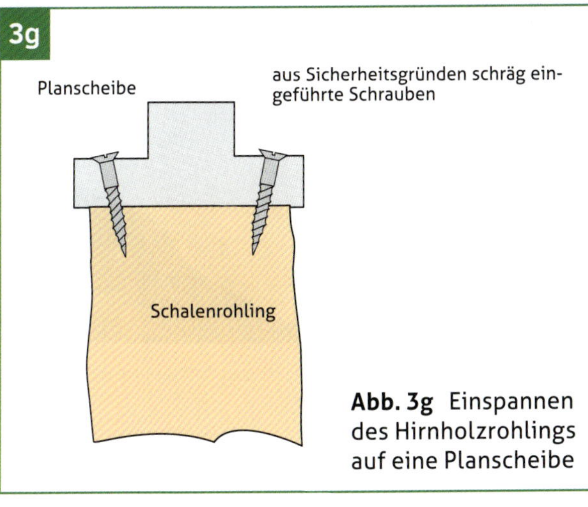

Abb. 3g Einspannen des Hirnholzrohlings auf eine Planscheibe

Abb. 3h Schwalbenschwanzförmiger Zapfen in O'Donnell-Klemmbacken

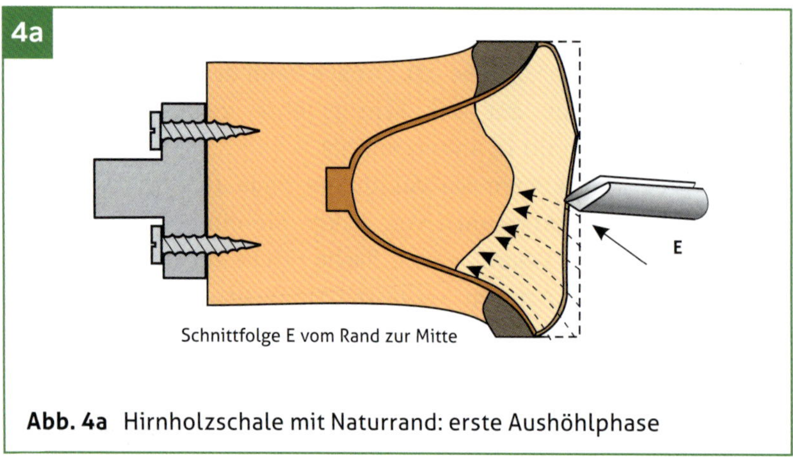

Abb. 4a Hirnholzschale mit Naturrand: erste Aushöhlphase

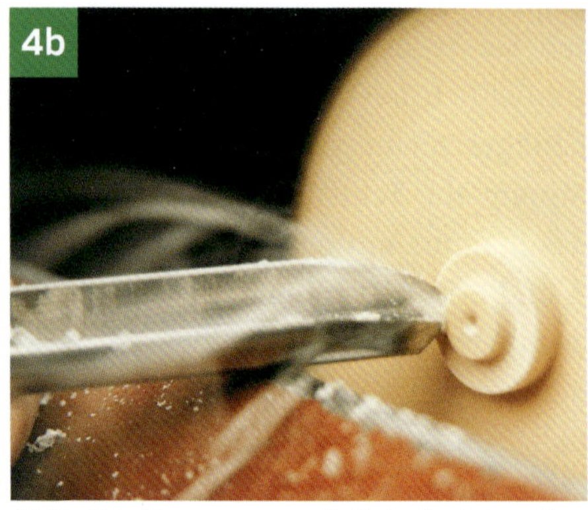

Abb. 4b Bevor man mit Schnittfolge E beginnt, entfernt man den vom Reitstock hinterlassenen Punkt

Abb. 4c Aushöhlen (Schnittfolge E)

Zeichnungen eine Planscheibe nehmen und sich die Schrauben nahe am Stammende befinden, führen Sie sie schräg ein, damit sie fester halten und nicht ausbrechen (Abb. 3f). Wie auf den Fotos ersichtlich, ziehe ich bei diesen kleinen Schalen ein Spannfutter vor, weil man damit den Rohling leichter wieder akkurat einspannen kann (Abb. 3g und 3h).

4: Drechseln des Schaleninneren

Drechseln Sie bei einer Naturrandschale dieser Form das Innere zuerst. Nehmen Sie den Reitstock ab, oder schwenken Sie den Spindelkasten, während der Rohling auf eine der beiden oben beschriebenen Weisen eingespannt ist, und Sie können mit dem Aushöhlen des Schaleninneren beginnen. Bei der Naturrandschale geschieht dies in zwei Phasen. Zunächst wird der Rand in Richtung Mitte mit einer Röhre mit tiefem Pro-

Abb. 4d Abgerundeter Buckel in der Schalenmitte nach Schnittfolge E

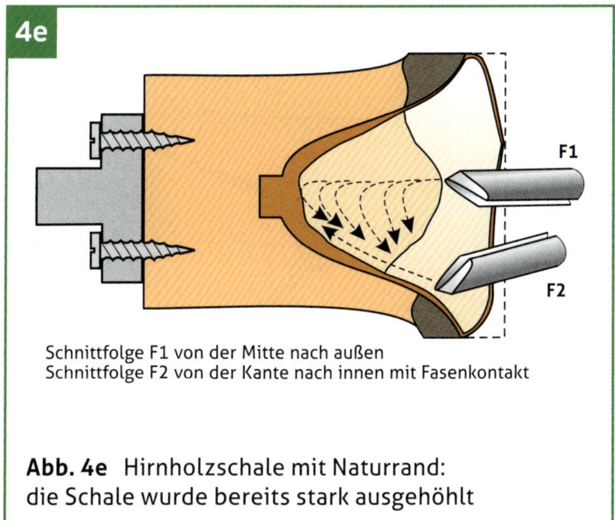

Abb. 4e Hirnholzschale mit Naturrand: die Schale wurde bereits stark ausgehöhlt

Abb. 4f Das Aushöhlen ist fast beendet (Schnittfolge F)

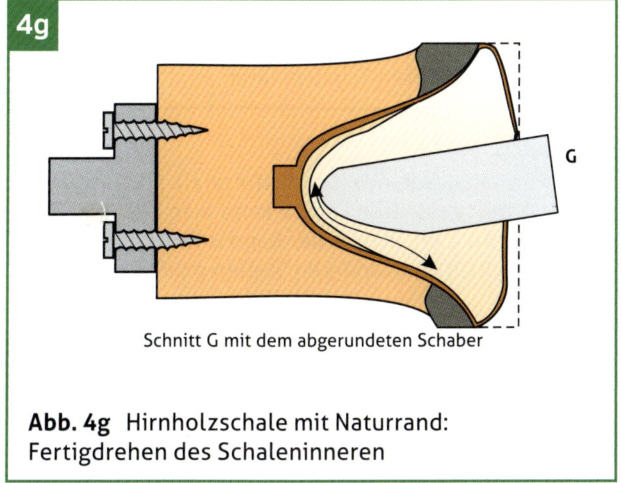

Abb. 4g Hirnholzschale mit Naturrand: Fertigdrehen des Schaleninneren

Abb. 4h Glätten des Schaleninneren mit dem abgerundeten Schaber (Schnitt G)

fil geformt (Schnittfolge E in Abb. 4a–4d), wobei jeder Schnitt der endgültigen Form folgt. Dieser Schnitt läuft gegen die Faser, doch wenn das Werkzeug scharf ist und sich das Holz in einem guten Zustand befindet, wird das Finish gut sein. Bei sehr flachen Schalen kann der gesamte Aushöhlprozess auf diese Art erfolgen. Vergessen Sie nicht, ein Stück weiße Plastikplatte oder Karton hinter die Arbeit zu stellen, damit die unterbrochene Kante besser zu erkennen ist.

Den Rest des Schaleninneren höhlt man ebenfalls mit der Röhre mit tiefem Profil aus. Man arbeitet von der Mitte nach außen (Schnittfolge F1 in Abb. 4e), indem man das Werkzeug in der auf der Auflage fest aufliegenden Stützhand hin und her schwenkt. Obwohl wir mit der Faser schneiden, ist die Kontrolle der Form eingeschränkt, weil es keinen Fasenkontakt gibt. Deshalb ist Schnitt F2 mit Fasenkontakt nötig, um die Form zu überarbeiten (Abb. 4f). Das endgültige Formen erfolgt mit dem großen, linksseitigen Schaber (Schnitt G in Abb. 4g und Abb. 4h). Das ist ebenfalls erforderlich, um in der Schale in den Randbereich überzugehen – doch denken Sie daran, äußerste Vorsicht walten zu lassen, wenn Sie sich dem natürlichen Rindenrand nähern.

Nun kann das Schaleninnere geschliffen werden. Es ist nass, und wir wollen, dass es beim Drechseln der Außenseite nass bleibt. Somit kommen wir in den Genuss des Nassschleifens. Das Schleifmittel sollte einen Geweberücken haben und einen Kleber auf Harzbasis enthalten, so dass es nässebeständig ist. Wenn Sie einen Eimer Wasser bereitstellen, kann das Schaleninnere von Hand geschliffen und der Schmutz regelmäßig mit dem Wasser abgewaschen werden. Ich finde diese Arbeit sehr angenehm, weil es nicht staubt, und im Winter nehme ich warmes Wasser. Nochmals sei erwähnt: Diese Methode dürfen Sie auf keinen Fall anwenden, wenn Wasser in elektrische Teile Ihrer Drehbank gelangen kann.

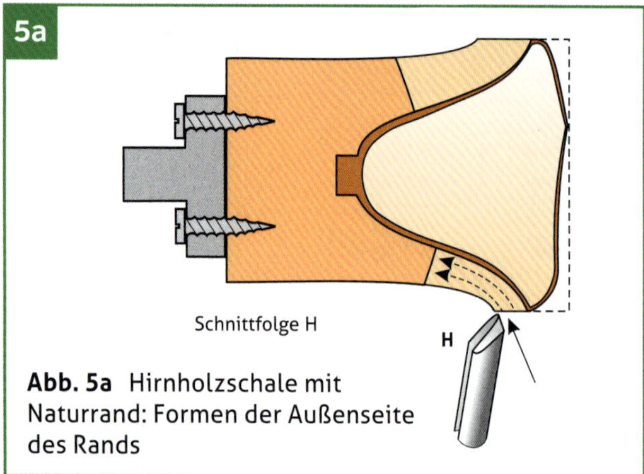

Abb. 5a Hirnholzschale mit Naturrand: Formen der Außenseite des Rands

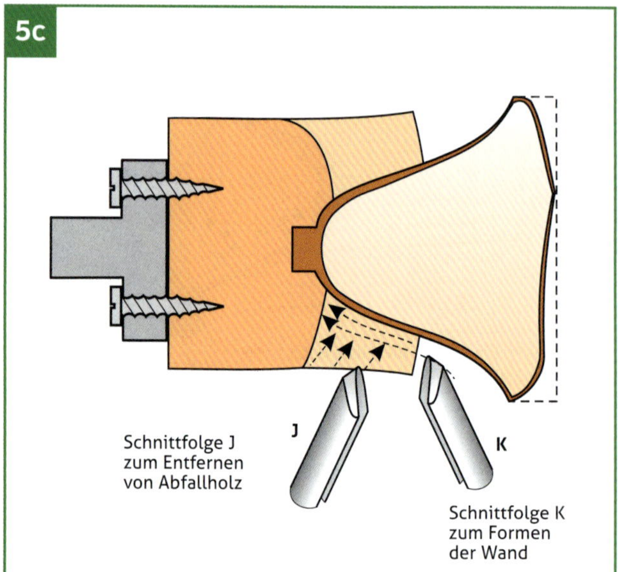

5c

Schnittfolge J zum Entfernen von Abfallholz

J

K

Schnittfolge K zum Formen der Wand

Abb. 5c Hirnholzschale mit Naturrand: Formen der äußeren Schalenwand

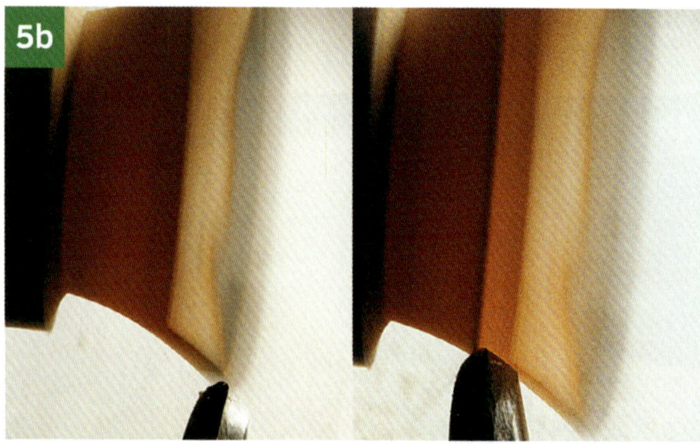

Abb. 5b Formen des Rands (Schnittfolge H). Mit einer hinter die Arbeit gestellten Lampe kann man die Wandstärke in dem Bereich, in dem der Rand unterbrochen ist, sehen und auch an allen anderen Stellen prüfen

5: Drechseln der Außenseite

Die Röhre mit tiefem Profil setzt man auch an der Schalenaußenseite ein. Mit einer in die Schale gehaltenen Lampe kann die Wandstärke geprüft werden. Gehen Sie zuerst den Rand an (Schnittfolge H in Abb. 5a und 5b), und fahren Sie schrittweise an der Schale entlang nach unten zum Fuß, wie beim vorangegangenen Projekt (Schnittfolgen J–L; Abb. 5c–5g). Schleifen Sie jeden Abschnitt, wenn er fertig ist.

6 Abstechen

Wenn Sie mit einer Röhre mit flachem Profil abstechen, können Sie die Unterseite leicht hinterschneiden und der Schale so einen stabilen Stand geben (Schnitt N und Abb. 5e und 6a). Schleifen Sie die Unterseite von Hand.

7 Trocknen

Lassen Sie die Schale 2–3 Tage lang an einem kühlen Ort trocknen.

8 Finish aufbringen

Finish nach Wahl siehe Seite 61.

Abb. 5d Formen des unteren Teils der Schalenwand: (a) Entfernen des Abfallholzes (Schnittfolge J); (b) Formen der Wand (Schnittfolge K). Im Licht der Lampe erkennt man die Wandstärke

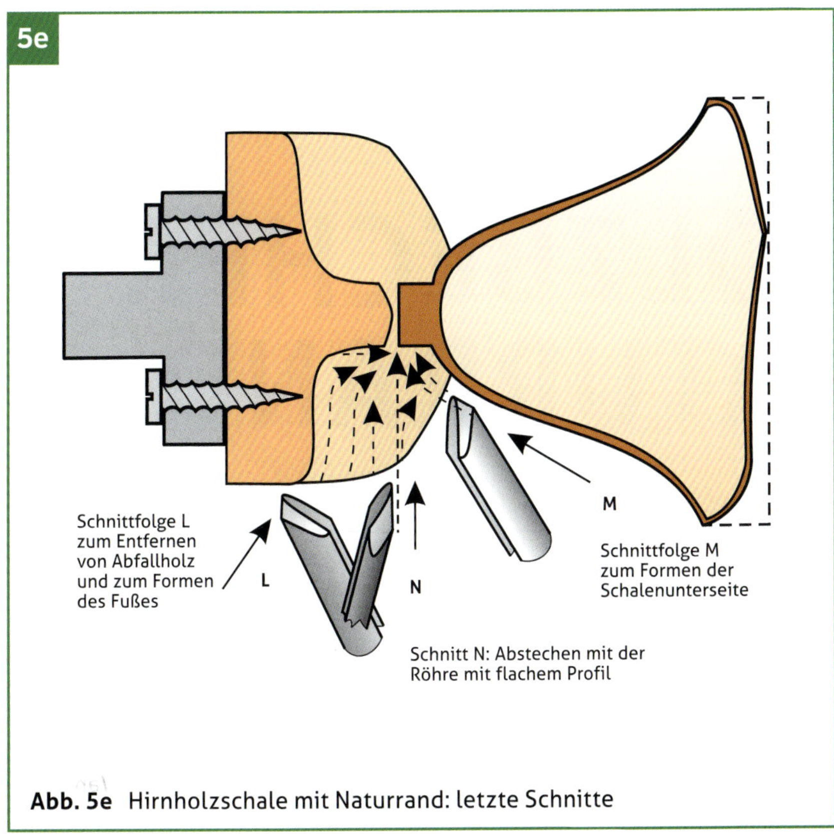

Abb. 5e Hirnholzschale mit Naturrand: letzte Schnitte

Abb. 5f Entfernen von Abfallholz aus dem Bereich des Fußes (Schnittfolge L)

Abb. 5g Formen des Fußes durch abwechselndes Schneiden (a) entlang und (b) in Richtung auf den Fuß (Schnittfolgen L und M)

Abb. 6a Abstechen mit der Röhre mit flachem Profil; so kann die Unterseite gleichzeitig leicht hinterschnitten werden

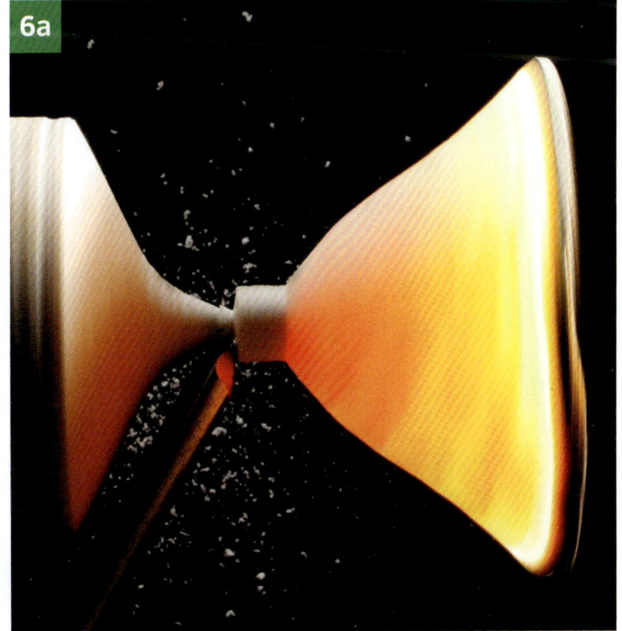

5

HIRNHOLZBECHER MIT NATURRAND

Der Hirnholzbecher mit Naturrand ist eine Weiterentwicklung der Hirnholzschale mit Naturrand und eine interessante, das handwerkliche Können und Feingefühl des Drechslers herausfordernde Übung. Das Endprodukt kann ein ausgefallenes Teil sein.

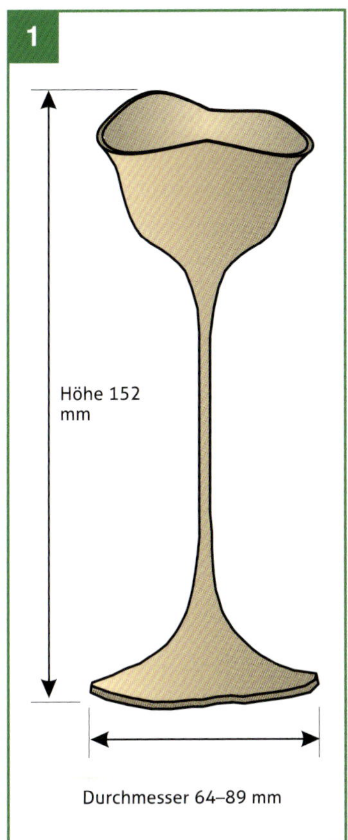

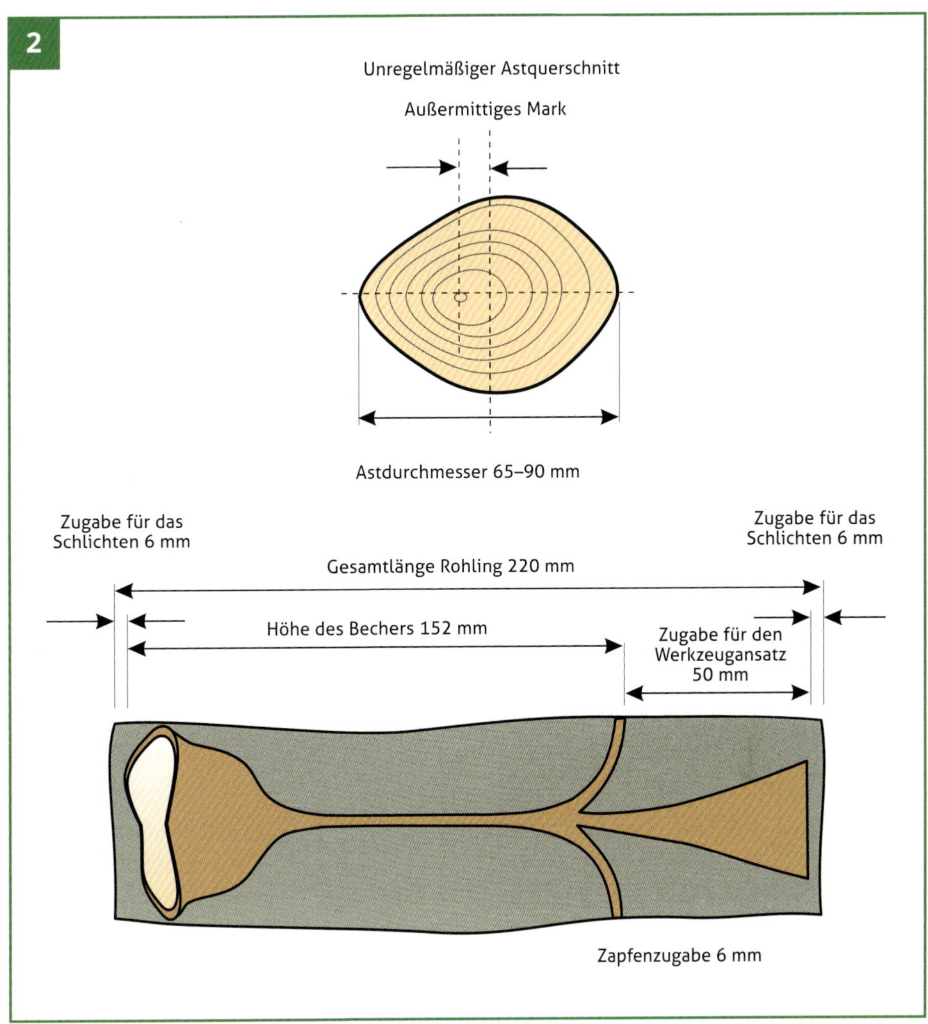

Abb. 1 Ein einfaches Design für einen Naturrandbecher

Abb. 2 Bemaßung des Rohlings

Design

Abb. 10.2 zeigt ein einfaches Design, bei dem technische Schwierigkeiten auf ein Minimum reduziert sind und das dennoch sehr elegant ist. Es genügt, dass der Becher auf einem 51-mm-Zapfen gehalten wird, allerdings ist er für eine Planscheibe zu klein.

Bemaßung des Rohlings

Der Fuß muss hinterschnitten werden, damit die Wandstärke gleichmäßig ist. Das geschieht mit einer Röhre mit flachem Profil, weshalb zwischen dem Fuß und den Klemmbacken des Futters reichlich Platz für den Werkzeugansatz benötigt wird – etwa 50 mm sind hinreichend. Abb. 2 zeigt den Becher mit allen nötigen Zugaben, die eine Rohlinglänge von 220 mm ergeben. Die Schale des Bechers wird beim Drechseln des Stiels unterstützt.

Materialwahl

Die Wahl des richtigen Astes ist der nächste Schritt. Wir benötigen ein feinporiges, lichtdurchlässiges Holz mit dünner Rinde, das frisch sein sollte. Der Querschnitt sollte unregelmäßig sein, damit die Form des Rands interessant ist. Das Mark als schwächster Teil des Asts sollte außermittig sein (siehe »Reaktionsholz“ auf den Seiten 6–7), um nicht durch den dünnen Stiel des Bechers zu laufen. Es sollten keine Äste oder Aststellen vorhanden sein, weil diese dazu neigen, durch den Stiel zu laufen und ihn zu schwächen. Werfen Sie den Ast im Zweifelsfalle weg und nehmen Sie einen anderen.

2 PLANUNG DES ARBEITSABLAUFS

1. Markieren Sie die Länge des Rohlings auf dem Holz.
2. Schneiden Sie den Rohling mit einer Stahlrohrbügel- oder Bandsäge vom Stamm.
3. Markieren Sie die Mitten auf beiden Stammenden.
4. Schruppen Sie zwischen den Spitzen grob vor, um den Rohling ins Gleichgewicht zu bringen, und bereiten Sie ihn für das spätere Aufspannen auf einem 51-mm-Spannfutter vor.
5. Drechseln Sie das Innere aufgespannt im Spannfutter; schleifen Sie anschließend.
6. Drechseln Sie das Schalenäußere mit darauf gerichteter Lampe; schleifen Sie anschließend.
7. Drechseln Sie den Stiel, wobei die Schale mit der mitlaufenden Körnerspitze und Seidenpapier gehalten wird. Drehen Sie fertig, und schleifen Sie nach jedem Schritt. Abstechen nicht erforderlich.
8. Trocknen Sie den Becher 24 Stunden lang an einem kühlen Ort.
9. Tragen Sie ein Finish auf.

HERSTELLUNG DES WERKSTÜCKS

1: Einzeichnen des Rohlings

Markieren Sie die Position des Rohlings auf dem Ast mit Kreide.

2: Schneiden des Astabschnitts für den Rohling

Längen Sie den Ast mit der Stahlrohrbügel- oder Bandsäge ab, und achten Sie dabei besonders darauf, die Rinde nicht zu beschädigen.

3a

Abb. 3a Abgelängter Rohling; Mitte des Bechers und Mark markiert; die beiden Markierungen dürfen nicht übereinstimmen (Top = oberes Ende des Bechers, Goblet Centre = Mitte des Bechers, Pith = Mark)

3: Markierung der Mitten

Markieren Sie auf beiden Enden des Astes dessen tatsächliche Mitten, und vergleichen Sie diese jeweils mit der Position des Marks (Abb. 3a). 6 mm Zwischenraum zwischen Mark und Mitte sind gut; 3 mm sind etwas wenig, können aber in Ordnung sein, wenn der Abstand zwischen den beiden Linien nicht geringer wird oder sie nirgendwo quer ins Holz laufen. Abb. 3b führt einige Beispiele vor, die man vermeiden sollte. Den Ast kann man gut prüfen, indem man auf das eine Ende sieht und ihn so hält, dass das Mark links und die Mitte rechts liegt. Dann dreht man den Ast über die Enden um, so dass man auf das andere Ende sieht. Wenn Mark und Mitte auf gleichen Positionen liegen, ist alles in Ordnung. Wenn sie jedoch völlig unterschiedlich sind, muss man beurteilen, wie nahe sich ihre Wege kommen. Eine Biegung im Ast in Richtung auf das Mark erhöht den Abstand zwischen der mittigen Achse und dem Mark, führt aber auch dazu, dass die Faser diagonal durch den Stiel läuft und ihn schwächen wird. Beim Drechseln systematisch vorzugehen und Probleme vorauszusehen, ist ein großes Plus. Es erleichtert das Arbeiten, je mehr gleiche Stücke Sie herstellen.

Entscheiden Sie, welches das obere und welches das untere Ende des Werkstücks sein soll, und markieren Sie den Rohling so, dass Sie diese Entscheidung nicht nochmals treffen müssen, wenn Ihnen der Rohling heruntergefallen ist.

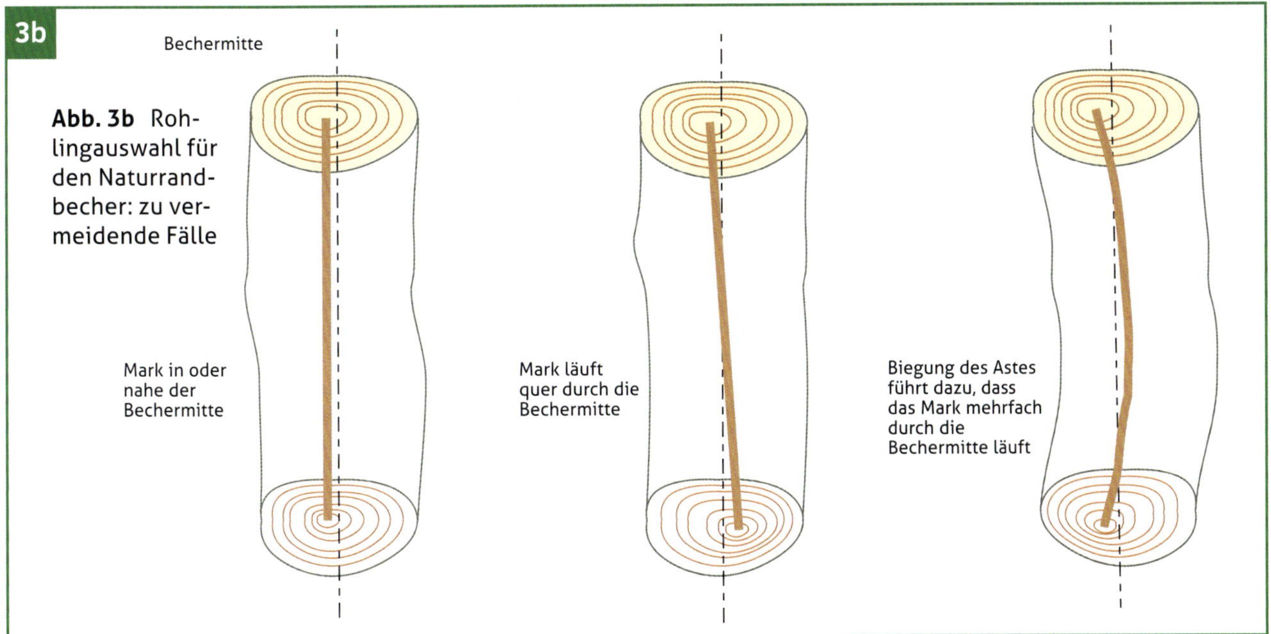

Abb. 3b Rohlingauswahl für den Naturrandbecher: zu vermeidende Fälle

4: Grobes Vorschruppen

In der ersten Phase ist das Werkstück mit dem oberen Ende in Richtung Spindelkasten zwischen den Spitzen aufgespannt (Abb. 4a). Spannen Sie es nicht zu fest ein, damit Sie es leicht drehen können, um die Flucht von Rand und Fuß zu prüfen; richten Sie ggf. aus. Behalten Sie die Position des Marks im Auge. Ziehen Sie dann den Reitstock fest. Markieren Sie zwei etwa 25 mm breite Bereiche mit Kreide auf dem Rohling, in denen sich Rand und Fuß befinden sollen (Abb. 4b). So können Sie veranschaulichen, wo der Becher im Holzstück liegt und den Fehler vermeiden, bei den ersten Schnitten die Rinde an diesen Stellen zu entfernen.

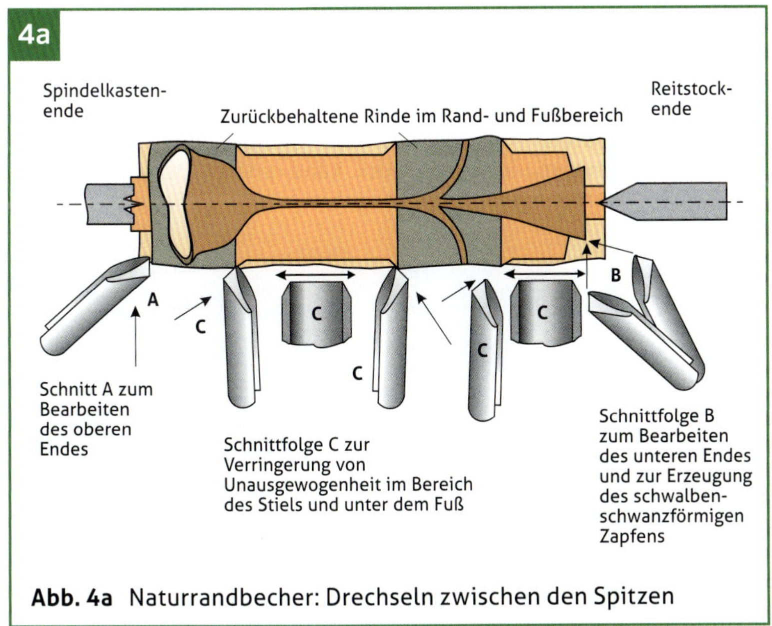

Abb. 4a Naturrandbecher: Drechseln zwischen den Spitzen

Abb. 4b Der zwischen den Spitzen aufgespannte Becherrohling; Rand- und Fußbereich, in dem die Rinde beibehalten wird, sind mit Kreide gekennzeichnet

Abb. 4c Erzeugung des schwalbenschwanzförmigen Zapfens durch abwechselndes Schneiden (a) von der Seite und (b) vom Ende des Rohlings (Schnittfolge B)

Abb. 4d Reduzierung der Unausgewogenheit im Abfallholz durch (a) Ansetzen der Röhre mit tiefem Profil auf den Kreidemarkierungen und (b) Ausführung kurzer Schlichtschnitte mit der Schruppröhre (Schnittfolge C)

Drehen Sie beide Enden ab, und erzeugen Sie am unteren Ende einen 51 mm langen Zapfen, der in das Futter passt (Abb. 4c). Reduzieren Sie dann vorsichtig die Unausgewogenheit in den Bereichen jenseits der Kreidelinien. Führen Sie die ersten Schnitte auf den Kreidelinien mit der Röhre mit tiefem Profil aus, und runden Sie dann zwischen diesen Schnitten mit der Schruppröhre grob ab (Abb. 4d). Entfernen Sie so wenig wie möglich, um nicht in die Schale des Bechers zu schneiden und um maximale Stabilität zum Drechseln zu behalten. Das Stück kann nun in das Zapfenfutter wieder eingespannt werden (Abb. 4e).

Abb. 4e Das mit dem schwalbenschwanzförmigen Zapfen in die O'Donnell-Klemmbacken wieder eingespannte Werkstück. Rand- und Fußbereich sind immer noch völlig unangetastet

Abb. 5a Nach dem Wiedereinspannen wird als erstes der von der Reitstockspitze hinterlassene Punkt entfernt

Abb. 5b Aushöhlen vom Rand zur Mitte (vgl. Schnittfolge E, S. 112)

5: Drechseln des Becherinneren

Hier wird genau so gearbeitet und geschliffen wie bei der Hirnholzschale mit Naturrand (Abb. 5a–5e; vergleichen Sie die Seiten 112–113 und Abb. 4a–4g, Schnitte E–G). Sobald man zu drechseln beginnt, verliert das Holz Feuchtigkeit durch Verdunstung, und es kann ratsam sein, den Feuchtigkeitsverlust während der Arbeit durch Benetzen zu verlangsamen (Abb. 5f). Machen Sie das aber auf keinen Fall, wenn Wasser an die elektrischen Teile der Drehbank gelangen kann.

Abb. 5c Konusförmiges Abfallholz in der Mitte nach Schnittfolge E

Abb. 5d Abschließender Schnitt nach innen ausgeführt mit der Röhre (vgl. Schnitt F2, S. 113)

Abb. 5e Schlichten des Becherinneren mit abgerundetem Schaber (vgl. Schnitt G, S. 113); anschließend wird geschliffen

Abb. 5f Benetzen der Arbeit zur Verlangsamung des Feuchtigkeitsverlustes; machen Sie dies nur, wenn Sie es auf Ihrer Drehbank ohne Risiko tun können

6: Drechseln der Schalenaußenseite

Auch hier wird bis zu dem Punkt, an dem unterhalb der Becherschale etwa 20 mm Durchmesser auf der Außenseite erreicht sind, genau so gearbeitet wie bei der Hirnholzschale mit Naturrand (Abb. 6a; vergleichen Sie die Seite 113, Abb. 5a–5c, Schnitte H–K). Nun ist die Schale fertig, und wir fahren mit dem Stiel fort.

Abb. 6a Erste Phase beim Formen der Außenseite (vgl. Schnittfolge H–K auf S. 114). Durchleuchten Sie die Wandstärke mit einer Lampe, und schleifen Sie jeden Abschnitt, wenn er fertig ist

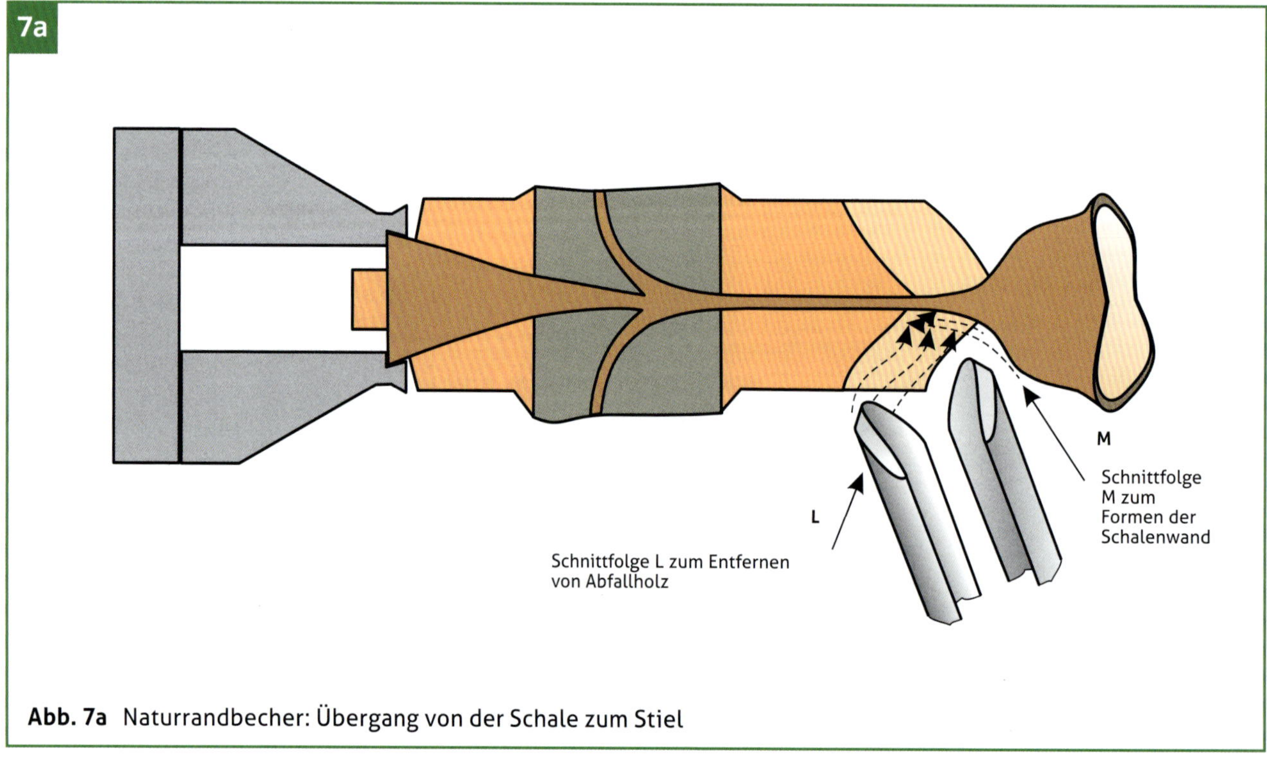

Abb. 7a Naturrandbecher: Übergang von der Schale zum Stiel

Abb. 7b Erzeugen des Übergangs von der Schale zum Stiel: (a) Entfernen des Abfallholzes (Schnittfolge L); (b) Formen der Schalenwand (Schnittfolge M)

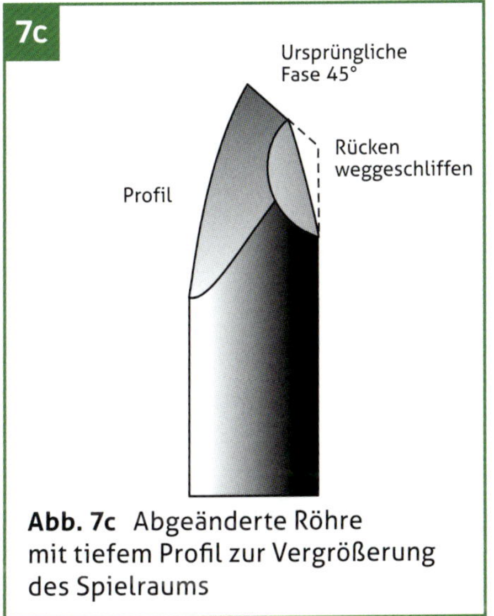

Abb. 7c Abgeänderte Röhre mit tiefem Profil zur Vergrößerung des Spielraums

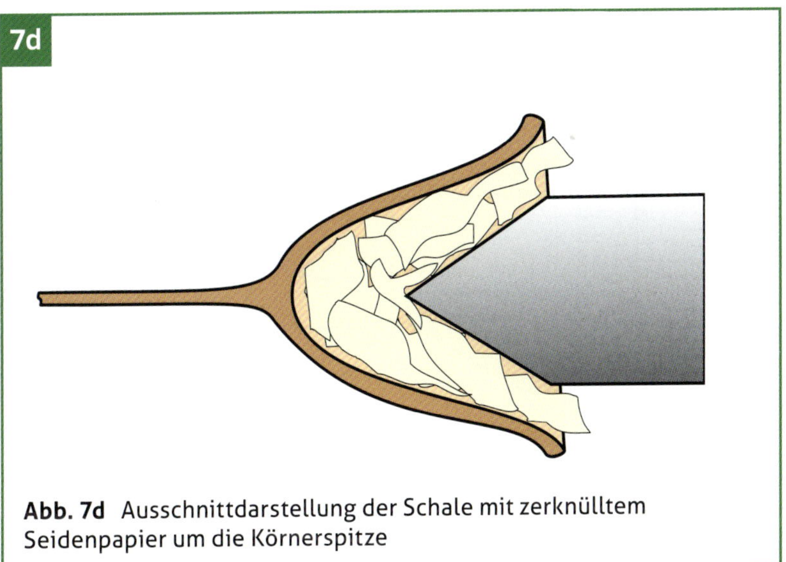

Abb. 7d Ausschnittdarstellung der Schale mit zerknülltem Seidenpapier um die Körnerspitze

7: Drechseln des Stiels

Der Stiel wird in jeweils etwa 13–20 mm langen Teilstücken gedrechselt. Jedes Teilstück besteht aus den drei Schritten Raum von unten schaffen, fertige Form nach unten drechseln und zum Schluss schleifen.

Das erste Teilstück ist das kniffligste, wenn man von der Schale um die Ecke zum Stiel übergeht (Schnitte L und M in Abb. 7a und 7b). Ich mache auch das mit der Röhre mit tiefem Profil, aber es gibt zwei Möglichkeiten, diesen Schritt zu vereinfachen. Die erste besteht darin, den Fasenrücken wegzuschleifen. Die ursprüngliche Fase wird dadurch verkürzt, so dass sich die Ecke in dem begrenzten Raum leichter drechseln lässt (Abb. 7c). Die zweite besteht darin, die Werkzeugspitze so weit zu heben, dass sie über die Drehachse zeigt. Wenn die Schale fertig und der Stiel erreicht ist, wird infolgedessen von der Röhrenspitze zur unteren langen Kante geschnitten, welche am Stiel entlangläuft. Die zweite Methode ist einfacher und weniger riskant.

Abb. 7e Ausstopfen der Schale mit Seidenpapier vor der Unterstützung durch den Reitstock

Sobald der Übergang von der Schale zum Stiel hergestellt ist, brauchen wir die Lampe nicht mehr und können die Schale etwas unterstützen. Das ist nötig, wenn der Stiel immer länger wird, damit die Schale nicht von einer Seite auf die andere schlägt. Diese Unterstützung darf keinen Druck auf den Stiel ausüben, der ihn biegen würde. Nehmen Sie ein etwa 150 x 150 mm großes Seidenpapier – je fester desto besser –, knüllen es zu einem Ball mit einer Vertiefung in der Mitte und stecken es in die Schale. Führen Sie den Reitstock mit einer Drehspitze in die Vertiefung im Papier (Abb. 7d und 7c). Schalten Sie die Drehbank ein, und ziehen

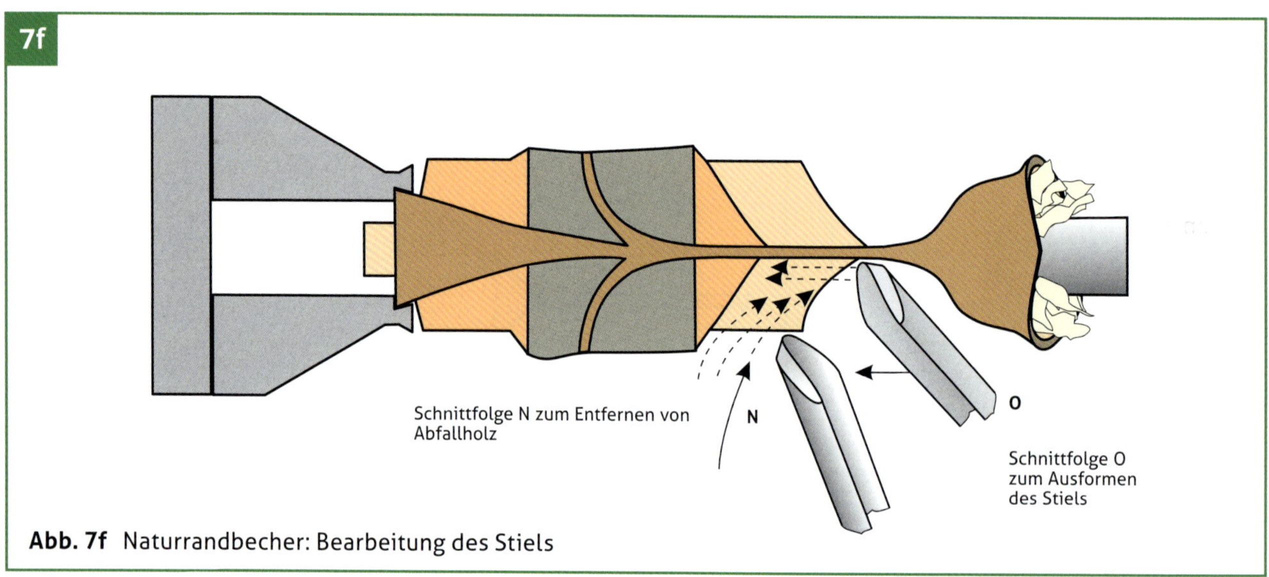

Abb. 7f Naturrandbecher: Bearbeitung des Stiels

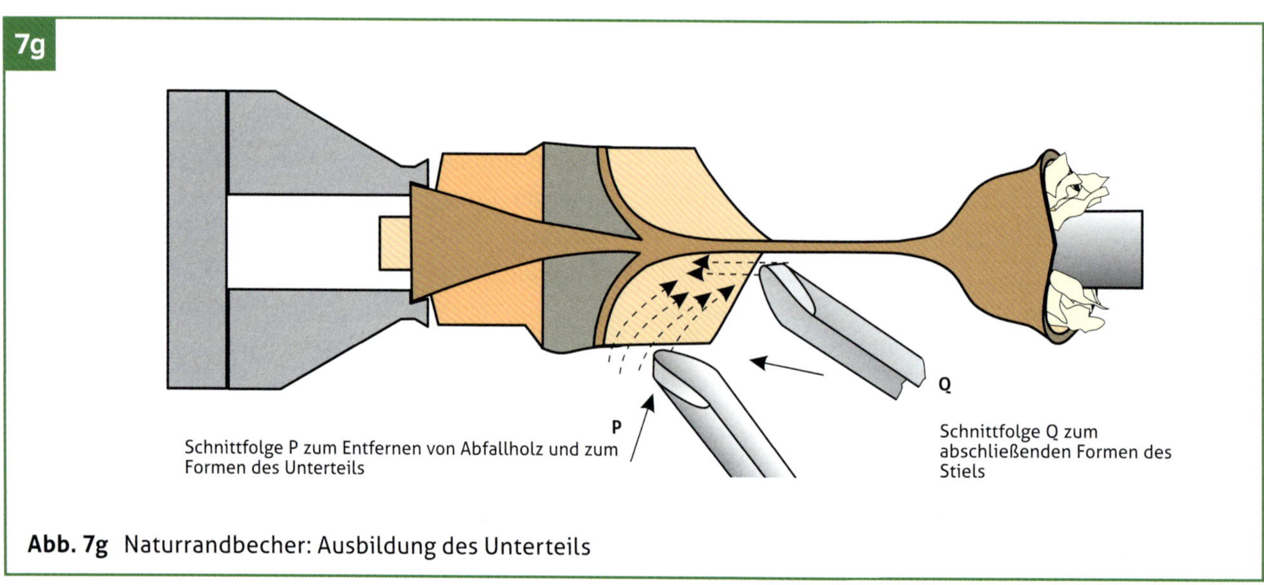

Abb. 7g Naturrandbecher: Ausbildung des Unterteils

Sie den Reitstock fest, bis die Drehspitze gleichmäßig dreht. Von Zeit zu Zeit muss neu festgezogen werden, weil das Seidenpapier im Laufe der Arbeit leicht zusammengedrückt wird.

Den Stiel dreht man mit der Röhre mit tiefem Profil fertig (Abb. 7f –7j). Die Schnitte erfolgen in Richtung Unterteil; damit kann man sehr gut die Form des Unterteils üben, so dass, wenn Sie so weit sind (Schnitte P und Q in Abb. 7h), die Form des Unterteils wie von selbst entsteht und nur noch in den Stiel übergehen muss. Denken Sie daran, nach jeder Phase zu schleifen.

Abb. 7h Jedes Teilstück des Stiels wird in drei Schritten gearbeitet:
(a) Entfernen des Abfallholzes (Schnittfolge N);
(b) Ausformen des Stiels (Schnittfolge O); (c) Schleifen

Abb. 7i Die letzten drei Schritte werden ggf. wiederholt, bis der Stiel die gewünschte Länge hat

Über die Unterseite des Unterteils muss man sich einige Gedanken machen, weil von ihr abhängt, wie der Becher stehen wird. Wenn sie direkt ab der Kante der oberen Fläche folgt, wird der Becher auf der Kante der breitesten Stelle stehen, und weil das Unterteil nicht rund ist, kann es sein, dass der Becher nicht gerade steht (Abb. 7k). Das kann attraktiv aussehen, doch wenn er aufrecht stehen soll, sollte die Unterseite des Unterteils dort, wo sie auf massives Holz trifft, breiter sein und die gleiche Form aufweisen wie die Oberseite (Abb. 7l). Ich bevorzuge die Form aus Abb. 10.29a, weil diese Stücke individueller aussehen.

Das Entfernen des Abfallholzes wiederum mit der Röhre mit tiefem Profil ist der erste Schritt beim Formen der Unterseite. Er wird fortgeführt bis zum letzten Schnitt an der Kante des Unterteils (Schnittfolge R in Abb. 7m und 7n). Tragen Sie so viel Holz wie möglich mit der Röhre mit tiefem Profil ab, nehmen Sie immer ein Stück weg, und drehen Sie ein Stück fertig, wenigstens bis Sie sich in massivem Holz befinden. Wenn Sie tiefer kommen, werden Sie feststellen, dass der Spindelkasten, das Futter und das Holz bestimmen, wie weit die Röhre mit tiefem Profil geschwenkt werden kann, um unter das Unterteil zu gelangen. Es ist nun erforderlich, ein anderes Werkzeug mit einem kleineren Fasenwinkel und einem kleineren Profilwinkel zu neh-

Abb. 7j Die letzten Schnitte (Schnittfolge P) dienen auch dazu, die Oberfläche des Unterteils zu formen (a), das dann in den Stiel übergeht und zum Schluss geschliffen wird (b)

7k

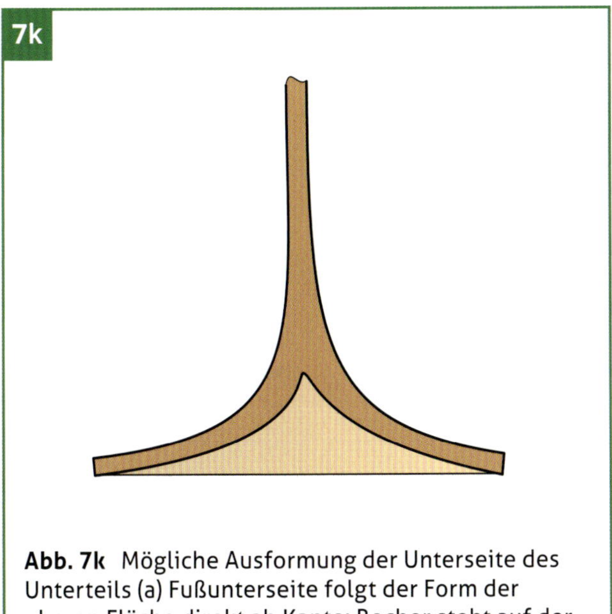

Abb. 7k Mögliche Ausformung der Unterseite des Unterteils (a) Fußunterseite folgt der Form der oberen Fläche direkt ab Kante: Becher steht auf der breitesten Stelle u. U. nicht gerade

7l

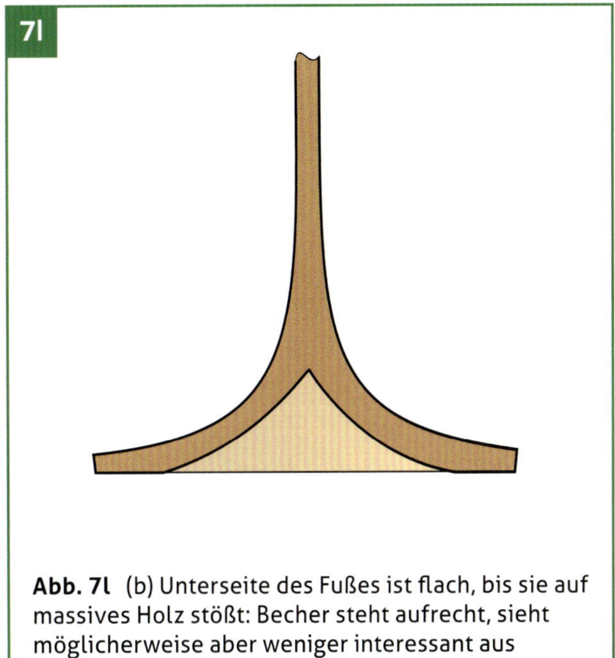

Abb. 7l (b) Unterseite des Fußes ist flach, bis sie auf massives Holz stößt: Becher steht aufrecht, sieht möglicherweise aber weniger interessant aus

7m

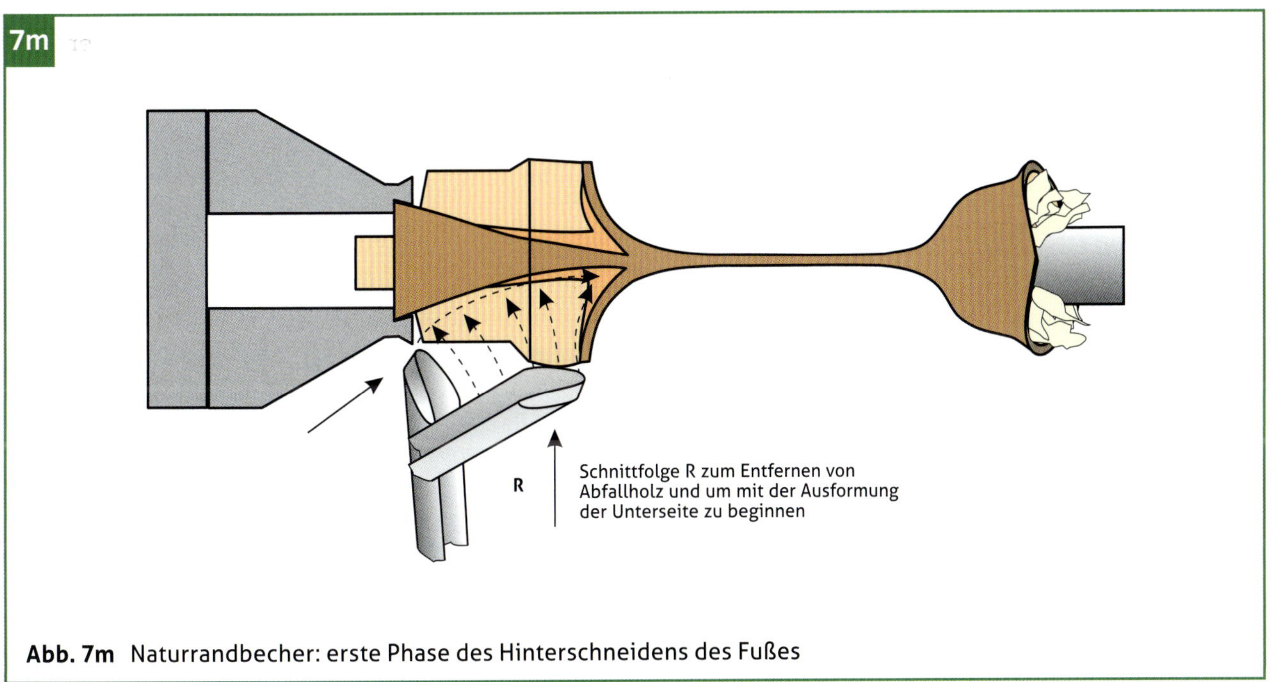

Abb. 7m Naturrandbecher: erste Phase des Hinterschneidens des Fußes

Abb. 7n Erste Phase des Hinterschneidens des Fußes: Schneiden von der Kante aus zum Entfernen von Abfallholz (Schnittfolge R)

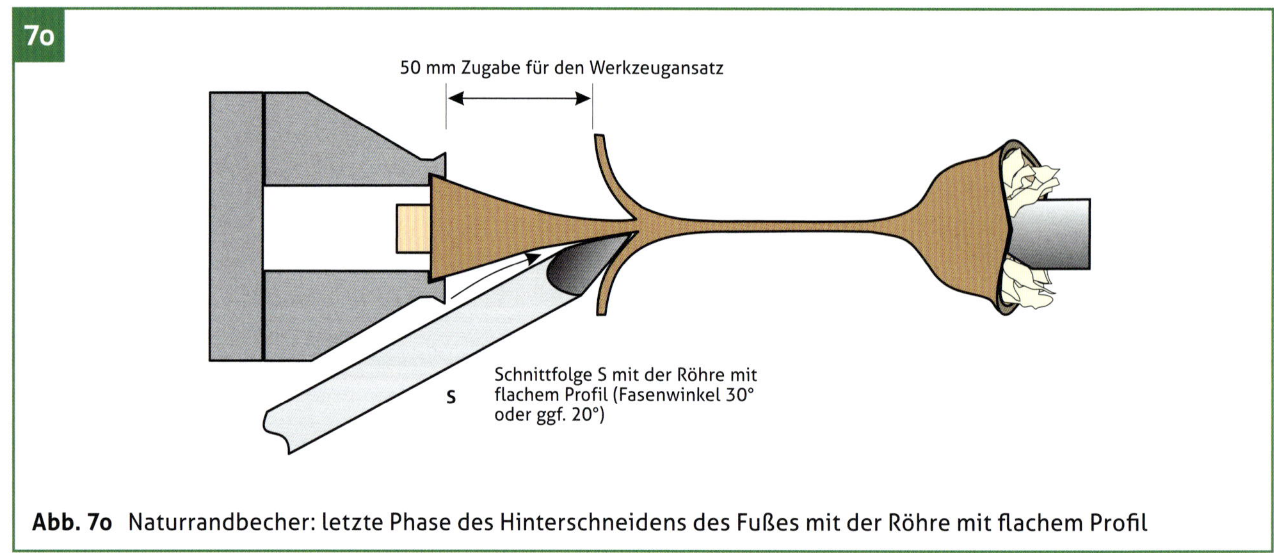

Abb. 7o Naturrandbecher: letzte Phase des Hinterschneidens des Fußes mit der Röhre mit flachem Profil

men. Die Röhre mit flachem Profil mit einem Fasenwinkel von 30° und einem Profilwinkel von 45° ist ideal. Gehen Sie wie oben beschrieben vor, indem Sie unter Einhaltung der Form der Oberfläche abwechselnd Raum schaffen und abschließende Schnitte ausführen (Schnittfolge S in Abb. 7o–7p). In der letzten Phase kann es sein, dass selbst die 30°-Röhre mit flachem Profil gegen eine Röhre mit einem 20°-Fasenwinkel ausgetauscht werden muss. Ungeachtet dessen, welche Sie benutzen, gehen Sie vorsichtig zum Abstechen über. Der Becher muss nicht aufgefangen werden, denn er hängt am restlichen konusförmigen Abfallholz und wird vom Reitstock gehalten (Abb. 7p), was eine große Erleichterung ist. In der Regel schleife ich den Becher nicht von unten; wenn Sie das möchten, sollten Sie es während der Schnitte in Abständen tun.

Abb. 7p Letzte Phase des Hinterschneidens des Fußes: das konusförmige Abfallholz wird mit der Röhre mit flachem Profil beschnitten, bis es abbricht

8: Trocknen

Da es sich um einen dünnen Becher mit gleichmäßiger Wandstärke handelt, ist Rissbildung unwahrscheinlich, vorausgesetzt, man trocknet ihn langsam 24 Stunden lang an einem kühlen Ort.

9: Finish

Meine Frau Liz färbt diese Stücke in der Regel mit einer Textilfarbe auf Wasserbasis (Abb. 10.34). Anschließend spritze ich ein hartes Finish auf, wodurch sie leicht zu reinigen sind.

Abb. 9a Fertige Becher mit Textilfarbenfinish von Liz O'Donnell

6

SAFTFRISCH VORGEDRECHSELTE SCHALE

Diese Schale wurde saftfrisch grob vorgeschrubbt, mit Aufmaß, dann getrocknet zur Reduzierung auf den nötigen Feuchtegehalt. Anschließend wird der Rohling fertig gedrechselt.

Design

Es handelt sich hier um eine zweckmäßige Querholzschale von 160 mm Durchmesser und 70 mm Höhe sowie einer maximalen Dicke von 13 mm am Rand und ansonsten 10 mm. Zu den geeigneten Hölzern zählen Esche, Ulme, Ahorn, Eiche usw. (siehe die Seiten 68–69). Als Finish nimmt man ein Speiseöl. Entweder ein Kochöl, das nicht ranzig wird oder flüssiges Paraffin (Mineralöl), das für langsame innere Vorgänge im Holz Medizin ist.

Bemaßung des Rohlings

Wie bei allen vorherigen Schalen sind Zugaben für den Schwund, das Schlichten, Aufspannen und für den Werkzeugansatz nötig. Bei der saftfrisch vorgedrechselten und trocken fertig gedrechselten Schale benötigen wir ferner eine Zugabe für das Schlichten, wenn sie nach dem Trocknen wieder eingespannt wird (siehe Tabelle unten links). Die Zugaben können auf ein Minimum reduziert werden, wenn man den Schalenrohling im Baum so orientiert, dass nur ein minimales Verziehen stattfinden kann (sofern nicht eine bestimmte Maserung gewünscht wird). Von den auf den Seiten 19–20 dargestellten Schalen verzieht sich Schale C am wenigsten.

Materialwahl

Zur Minimierung des Verziehens sollte der Rohling idealerweise aus einem geraden Stammabschnitt kommen.

	Durchmesser mm	**Höhe** mm
Schalengröße	160	70
8–10 % Schwundzugabe	18	6
Zugabe für das Schlichten beim 1. und 2. Drehvorgang:		
Seiten	12	
oben		9
unten		9
Zugabe für das Abstechen		6
Zugabe für den Werkzeugansatz	0	0
Zugabe für das Aufspannen	1	25
Gesamt	190	125

PLANUNG DES ARBEITSABLAUFS

1. Markieren Sie den Rohling auf dem Stammende, schneiden Sie einen Abschnitt vom Stamm ab, und sägen Sie den Rohling auf die erforderliche Länge.
2. Zeichnen Sie einen Kreis auf das Stück, und schneiden Sie diesen mit der Bandsäge aus.
3. Drechseln Sie die äußere Form. Der Rohling wird dazu am oberen Ende mit einer 76-mm-Planscheibe und 4 Schrauben gehalten. Drechseln Sie die Außenseite mit 10 % Aufmaß, und bereiten Sie an der Unterseite den Zapfen für das spätere Aufspannen vor.
4. Drechseln Sie das Schaleninnere. Spannen Sie auf der Unterseite mit einer 76-mm-Planscheibe und 4 Schrauben auf, die mit der Faser fluchten, und drechseln Sie das Schaleninnere. Damit ist Phase 1 abgeschlossen.
5. Trocknen Sie die Schale in der Mikrowelle.
6. Spannen Sie die trockene Schale auf derselben Planscheibe in denselben Schraublöchern wieder ein.
7. Außen- und Innenseite fertig drehen; Schale ist auf der Unterseite aufgespannt.
8. Maschinell schleifen und auf der Drehbank Finish auftragen.
9. Abstechen und zum Fertigdrehen der Unterseite am Rand wieder einspannen.
10. Finish auftragen.

HERSTELLUNG DES WERKSTÜCKS

Man wendet größtenteils die gleiche Drechseltechnik wie bei den anderen Querholzschalen an. Wir benutzen allerdings andere Spannvorrichtungen und trocknen und schleifen anders.

1: Einzeichnen und Sägen des Rohlings

Zeichnen Sie die Schale unter Berücksichtigung der gewünschten Maserung auf das Stammende (siehe oben sowie die Seiten 19–21). Schneiden Sie den Stamm 25 mm länger, als der Rohling ist, und sägen Sie ihn mit der Kettensäge ab (Abb. 11.2).

2: Ausschneiden des Rohlings

Zeichnen Sie oben auf das abgesägte Stück einen Kreis mit dem gewünschten Durchmesser, schneiden Sie diesen mit der Bandsäge aus, und befestigen Sie die Planscheibe oben auf dem Rohling (Abb. 2a und 2b). Mit einem Akkuschrauber mit Sechskant-schrauben kann der Schalenrohling schnell und effizient aufgespannt werden. Die Schrauben sollten 19 mm tief in den Rohling eindringen; mindestens aber 13 mm.

Abb. 1a Das mit der Kettensäge abgesägte Stück; die Schale und alle erforderlichen Zugaben sind auf dem Hirnschnitt eingezeichnet

Abb. 2a Ausschneiden des kreisrunden Rohlings mit der Bandsäge

Abb. 2b Der Rohling wird auf die Planscheibe gespannt

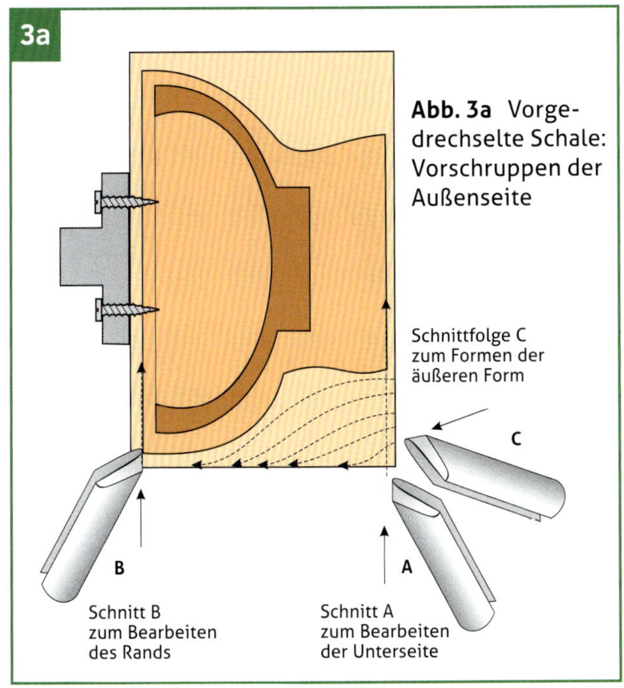

Abb. 3a Vorgedrechselte Schale: Vorschruppen der Außenseite

Abb. 3b Bearbeiten der Unterseite zur Aufnahme der Planscheibe während des späteren Aufspannens (Schnitt A)

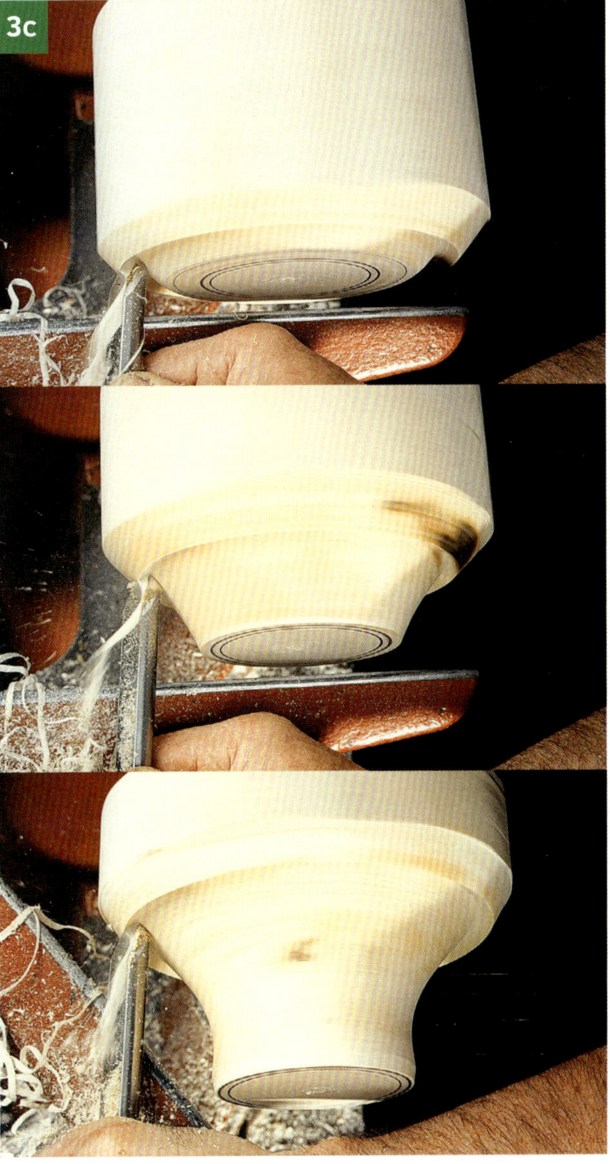

Abb. 3c Phasen des Vorschruppens der Außenseite mit der Röhre mit tiefem Profil (Schnittfolge C). Mit Bleistift auf die Unterseite gezeichnete konzentrische Kreise helfen, die Planscheibe beim späteren Wiederaufspannen zu zentrieren

3 Drechseln der Außenseite

Bearbeiten Sie die Unterseite, damit sie die Planscheibe zum späteren Aufspannen aufnehmen kann. Vergessen Sie nicht die Bleistiftlinien zum Zentrieren der Planscheibe (Schnitt A in Abb. 3a und 3b). Drechseln Sie die Außenseite mit einer 13-mm-Röhre mit tiefem Profil in Form, und folgen Sie dabei vom ersten Schnitt an der Schalenform (Schnittfolge C; Abb. 3a, 3c). Wenn Sie diese Arbeit auf einer Drehbank mit langem Bett und festem Kopf ausführen, können Sie, wenn Sie auf der anderen Seite der Drehbank stehen, das Werkzeug schwenken, um nicht in der Flugbahn der Holzspäne zu stehen.* Nehmen Sie die Planscheibe ab.

*Anmerkung des Bearb.: Das funktioniert nur, wenn man Linkshänder ist.

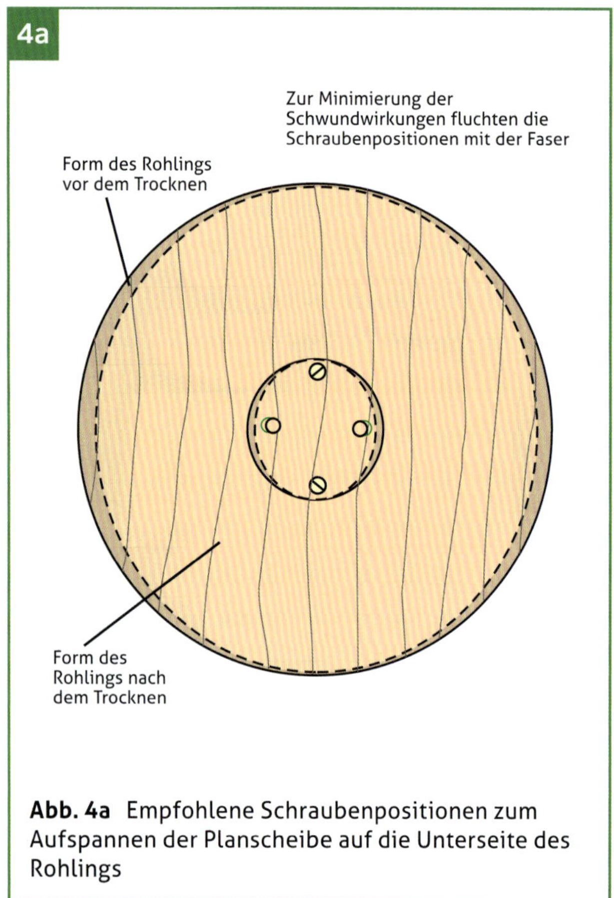

Abb. 4a Empfohlene Schraubenpositionen zum Aufspannen der Planscheibe auf die Unterseite des Rohlings

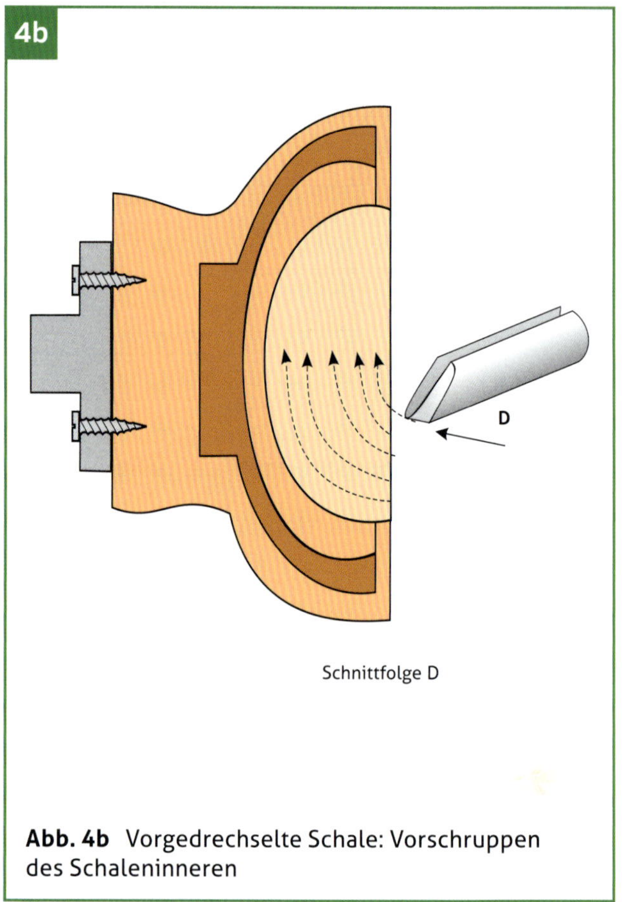

Abb. 4b Vorgedrechselte Schale: Vorschruppen des Schaleninneren

Abb. 4c Abdrehen des oberen Endes nach dem Wiedereinspannen auf die Planscheibe, welche sich auf der Unterseite des Schalenrohlings befindet

4: Drechseln des Schaleninneren

Wenn Sie die Planscheibe auf der Schalenunterseite befestigen, müssen Sie die Schraubenlöcher wie in Abb. 4a mit der Faser in eine Flucht bringen. Damit stellen Sie sicher, dass mindestens zwei der Schrauben nach dem Trocknen in den ursprünglichen Löchern sitzen, weil der Schwund entlang der Faser vernachlässigbar ist. Da wir eine kleine Planscheibe von 76 mm Größe benutzen, dürften alle Schrauben wieder in die alten Löcher passen.

Drechseln Sie das Schaleninnere mit der 13-mm-Röhre mit tiefem Profil, und lassen Sie die Wandstärke 38 mm dick. Diese Stärke ist nötig, um die Form, nachdem die Schale zu einer ovalen Form getrocknet ist, plandrehen zu können. Die Abb. 4b–4d zeigen, wie in der zweiten Aufspannphase weiter gedrechselt wird.

Abb. 4d Vorschruppen des Schaleninneren mit der Röhre mit tiefem Profil (Schnittfolge D); die Bleistiftlinie markiert, wie weit in dieser Phase ausgehöhlt wird

5: Trocknen

Wenn Sie schnelle Ergebnisse haben wollen, trocknen Sie die Schale in der Mikrowelle, und achten Sie insbesondere darauf, sie nicht zu überhitzen (siehe die Seite 34). Lassen Sie sie zwischen den Trocknungsphasen in der Mikrowelle möglichst gut abkühlen, und wiegen Sie sie jedes Mal. Ein Zeit-Gewichts-Diagramm (siehe Abb. 26 auf S. 33) gibt Aufschluss darüber, wann die erste Phase des Prozesses abgeschlossen ist. Vermeiden Sie es, die Schale zu stark zu trocknen. Der Feuchtegehalt kann mit einem Feuchtigkeitsmesser geprüft werden, sofern Sie die Sonden nicht zu tief einstechen. Sie erhalten damit nur ein Maß für den Feuchtegehalt der Oberfläche, doch wenn Sie in der Mikrowelle trocknen, dürfte er überall gleich sein. Der Trocknungsprozess kann bis zu 24 Stunden dauern.

6: Wiedereinspannen zum Fertigdrehen

Ziehen Sie die Planscheibe wieder auf, indem Sie zuerst zwei Schrauben entlang der Faser einstecken, jedoch noch nicht festziehen. Es dürfte möglich sein, anschließend die beiden anderen Schrauben in den alten Löchern zu platzieren. Falls nicht, bohren Sie zwei neue Löcher. Da die Unterseite nicht flach sein wird, wird es zwischen Unterseite und Planscheibe auf beiden Seiten Lücken geben. Achten Sie darauf, dass diese beim Festziehen der Schrauben gleich bleiben.

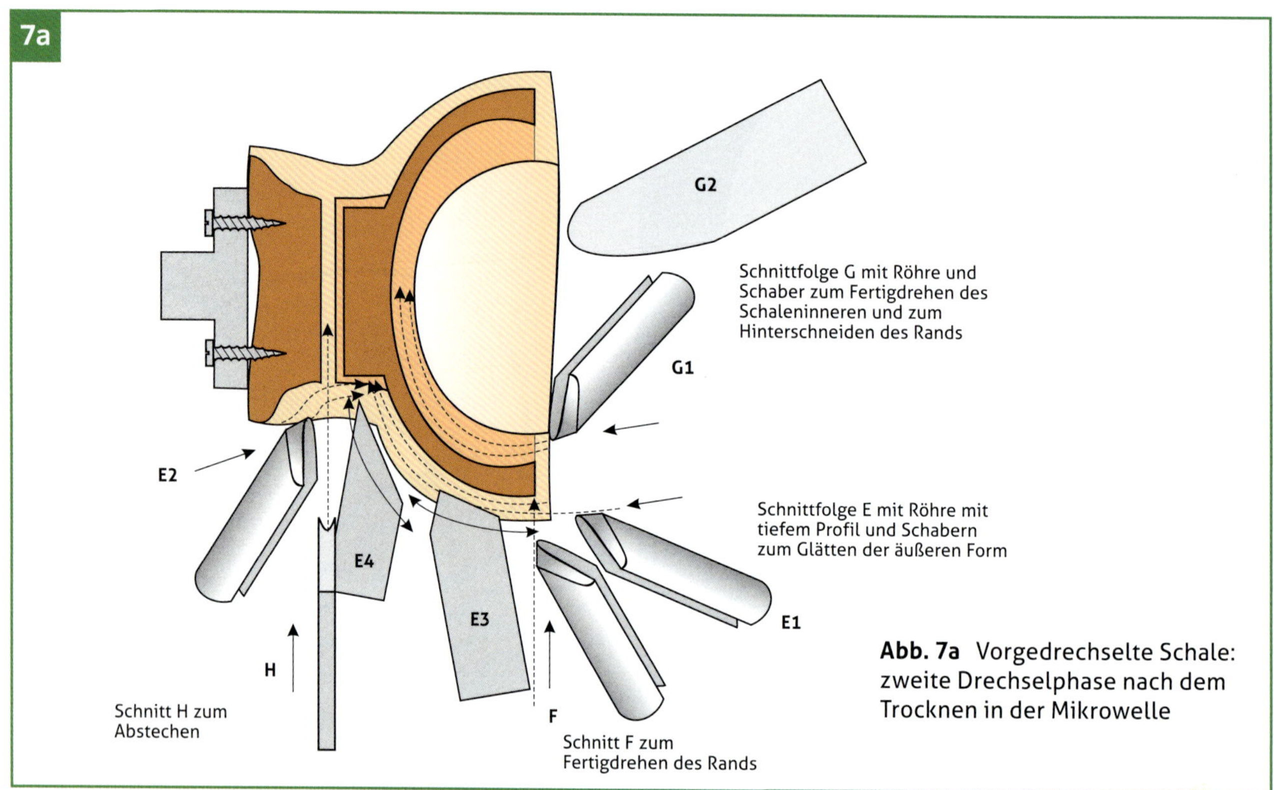

Abb. 7a Vorgedrechselte Schale: zweite Drechselphase nach dem Trocknen in der Mikrowelle

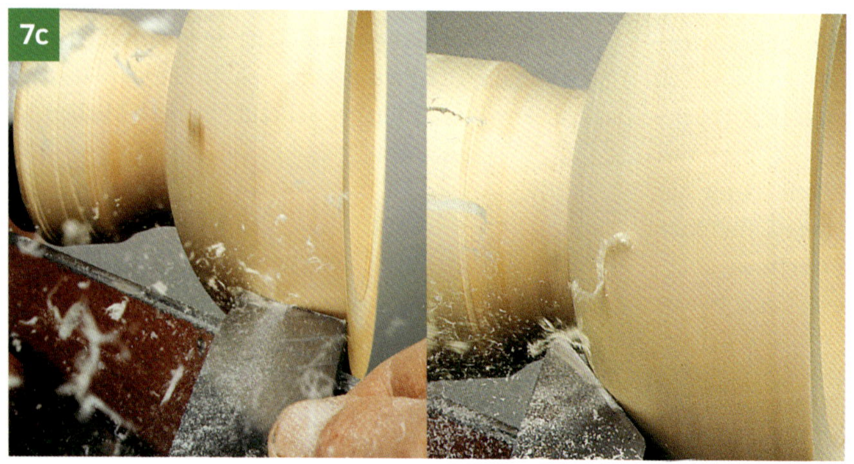

Abb. 7b Glätten des äußeren Profils mit der Röhre mit tiefem Profil nach dem Trocknen (Schnittfolge E)

Abb. 7c Schneidendes Schaben auf der Außenseite mit (a) dem rechtwinkligen Schaber im Randbereich und (b) dem schrägen Schaber auf dem in Richtung Fuß fliehenden Teil

Abb. 7d Fertigdrehen des Rands mit der Röhre mit tiefem Profil (Schnitt F)

Abb. 7e Schrittweises Fertigdrehen des Schaleninneren mit der Röhre mit tiefem Profil (Schnittfolge G)

7: Fertigdrehen der Innen- und Außenseite

Drehen Sie die äußere Form plan, und drehen Sie sie fertig, indem Sie mit der Röhre mit tiefem Profil vom Rand nach unten schneiden, und glätten Sie dann die Form mit den großen Schabern (Abb. 7a–7c). Ich fand den in der Mikrowelle getrockneten Ahorn sehr schön. Schlichten Sie den Rand mit der Röhre mit tiefem Profil (Abb. 7d), und drehen Sie ihn abschließend mit einem großen Schaber ab. Lassen Sie den Rand 13 mm breit, und hinterschneiden Sie ihn dann auf eine fertige Wandstärke von 10 mm; so sieht die Schale sehr schön aus. Drehen Sie das Schaleninnere mit der Röhre mit tiefem Profil fertig (Abb. 7e); benutzen Sie ggf. einen großen Schaber (Abb. 7f).

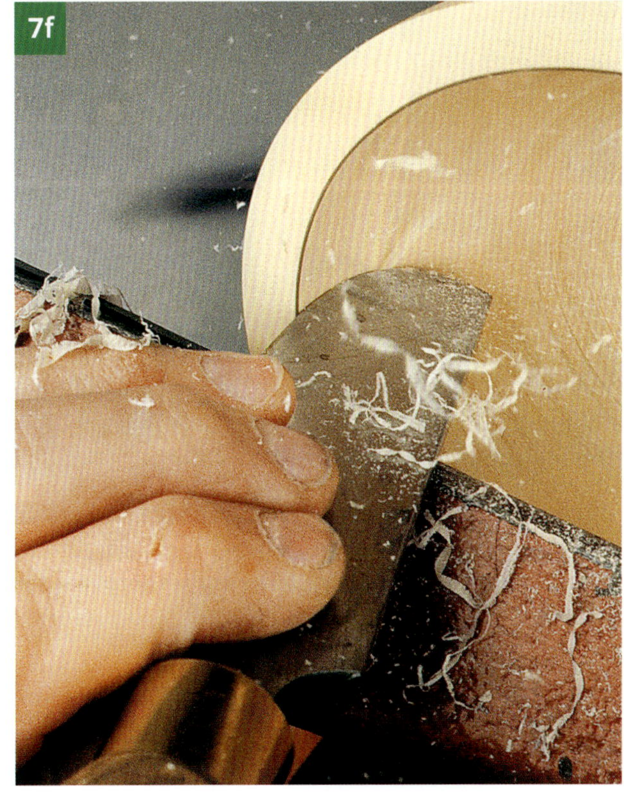

Abb. 7f Fertigdrehen des Schaleninneren mit dem abgerundeten Schaber (letzte Phase von Schnittfolge G); es kann sein, dass der Rand mit den Fingern unterstützt werden muss

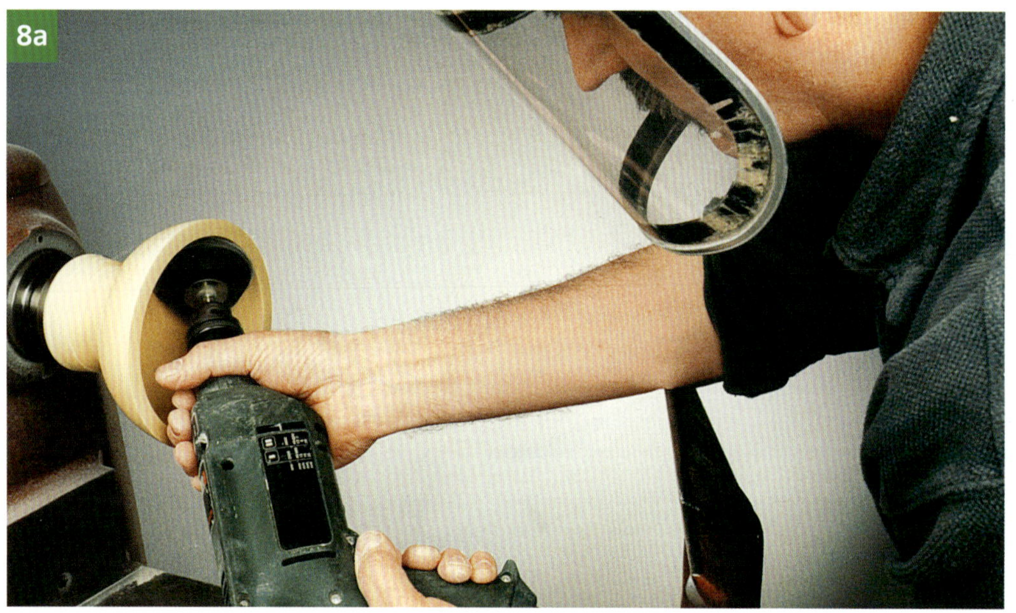

Abb. 8a Maschinelles Schleifen ist für eine Schale dieser Art eine geeignete Technik; schleifen Sie zuerst das Schaleninnere

Abb. 8b Halten Sie beim Schleifen der Außenseite die Ellbogen aus Stabilitätsgründen eng am Körper

8: Schleifen und Fertigdrehen

Schleifen Sie die Schale überall. Bei diesem Projekt kann man das maschinelle Schleifen gut ausprobieren (siehe Seite 60). Wenn man maschinell schleift, können Unregelmäßigkeiten rasch geglättet werden, und es entsteht eine gute Oberfläche. Nehmen Sie einen 76-mm-Schleifteller mit einer Scheibe mit 100er-Körnung, stellen Sie die Handauflage so ein, dass der Unterarm unterstützt wird, und vergessen Sie nicht, den Gesichtsschutz aufzusetzen und die Staubabsaugung einzuschalten.

Schleifen Sie zuerst das Schaleninnere (Abb. 8a). Lassen Sie die Scheibe weiterlaufen, und achten Sie darauf, die Kante scharf zu lassen, wenn Sie oben unter dem Rand anlangen. Bearbeiten Sie gleichzeitig die Oberseite des Rands. Nehmen Sie 180er-Körnung und dann 240er; das wird eine sehr glatte Oberfläche ergeben.

Wiederholen Sie den Vorgang auf der Außenseite, halten Sie die Ellbogen aus Stabilitätsgründen eng am Körper, und gehen Sie beim Formen der Schale immer mit Ihrem Körper mit (Abb. 8b). Machen Sie sich keine Sorgen, in dieser Phase direkt zum Fuß zu gelangen. Wenn Sie gut geschliffen haben, sind beide Kanten des Rands sehr scharf geworden, und Sie brauchen sie nur leicht mit einem Stück Schleifpapier zu behandeln.

Nun kann das Ölfinish aufgetragen und auf der Drehbank poliert werden. Lassen Sie jede Schicht trocknen und nochmals, bevor Sie die Schale aus der Drehbank nehmen.

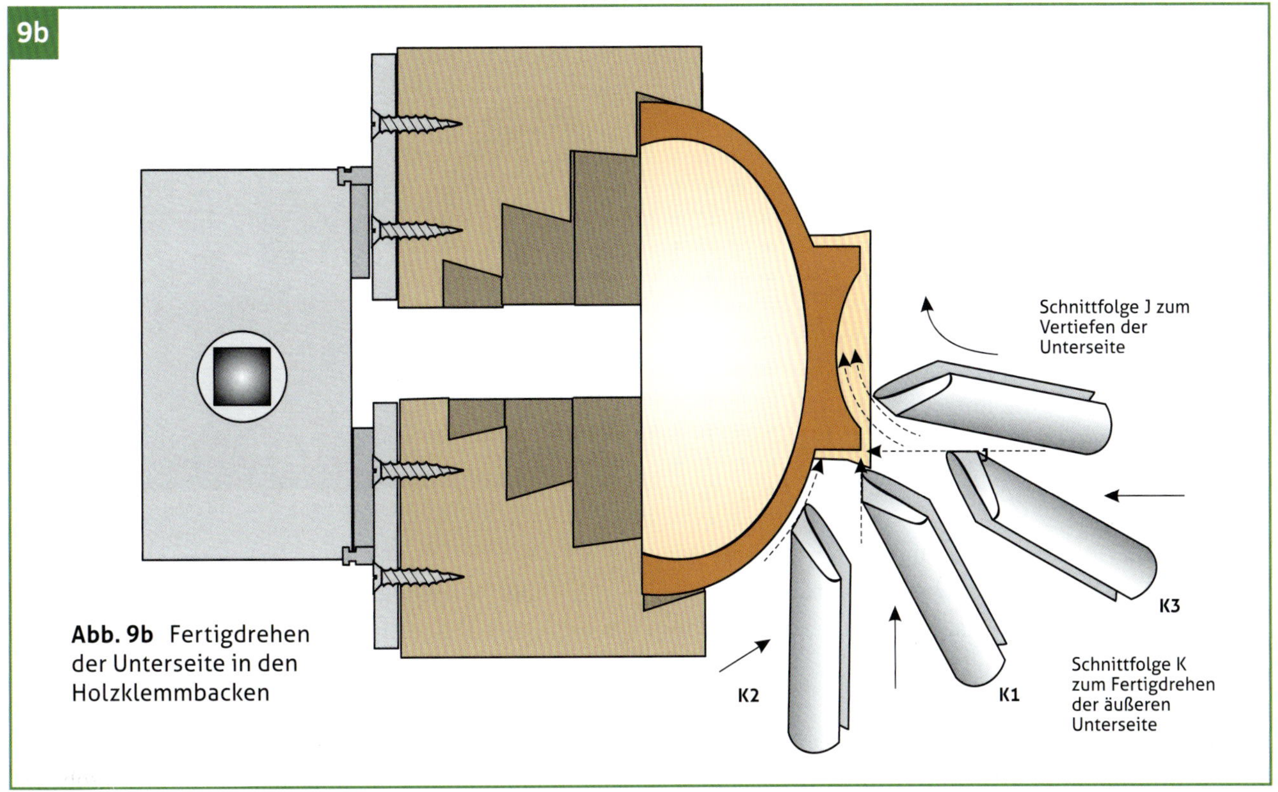

Abb. 9b Fertigdrehen der Unterseite in den Holzklemmbacken

9: Abstechen und Fertigdrehen der Unterseite

Stechen Sie die Schale mit der Röhre mit schmalem Profil ab (Abb. 9a).

Spannen Sie die Schale mit den sich zusammenziehenden Holzklemmbacken auf dem Spannfutter wieder auf (Abb. 9b und 9c). So ist der Werkzeugansatz möglich, um die Unterseite fertig zu drehen und leicht zu vertiefen (Abb. 9d).

Die Unterseite kann maschinell geschliffen werden; die Seite des Fußes und der untere Teil der Schale daneben sollten jedoch von Hand mit dem gleichen Schleifmittel geschliffen werden, mit dem man maschinell geschliffen hat

10: Finish aufbringen

Ölfinish wie oben beschrieben anwenden.

Abb. 9a Abstechen (Schnitt H); die Schale wird mit der rechten Hand aufgefangen

Abb. 9c Wiedereinspannen der Schale in die Holzklemmbacken des Spannfutters

Abb. 9d Fertigdrehen des Fußes mit leichter Vertiefung der Unterseite (Schnittfolge J) vor dem Fertigdrehen der Außenseite des Fußes (Schnittfolge K)

Über den Autor:

1981 fing Michael O'Donnell an, nasses Holz zu drechseln, Gefäße, die die natürliche Schönheit des Holzes zum Ausdruck brachten, später solche mit Naturrand. Es folgte bald die Entscheidung, nur noch Holz aus Windbruch und aus Fällungen ohne kommerziellen Hintergrund zu verwenden.

Michael hatte schon 1974 mit dem professionellen Drechseln begonnen. Zu seinen ersten Stücken gehörten traditionelle Gebrauchsgegenstände des schottischen Hochlands, wie zum Beispiel dieses Spinnrad.

Waren es zu Beginn natürliche Einflüsse der heimischen Umgebung, die die künstlerische Entwicklung der O'Donnells bestimmten, etwa Seevögel und Muscheln, wurden sie im Lauf der Jahre mit intensiven Reisen auch von anderen Kulturen beeinflusst, so von der Kunst der australischen Ureinwohner.

Michael verwendet in erster Linie das in seiner baumarmen Umgebung vorhandene Ahorn, ein schönes, aber schlichtes Holz. Es war seine Frau Liz, die mit Farbe nach neuen Möglichkeiten in Design und Dekoration suchte.

Bei seinen Kursen zeigt Michael den Teilnehmern nicht nur seine meisterlichen Drechseltechniken, sondern auch wie man das richtige Holz aussucht, zuschneidet und lagert.

Ausgewählte Literatur

Abbott, Mike: *Grünholz Die Kunst, mit frischem Holz zu arbeiten.* Hannover 2000 (Th. Schäfer). Englische Originalausgabe: Green Woodworking. Lewes 1989 (GMC Publications)

Bramwell, Martyn (Hrg.): *The International Book of Wood.* London 1976 (Mitchell Beazley)

Brown, W. H.: *Timbers of the World Bd. 7, North America.* London 1978 (Timber Research and Development Association 1978)

Ders.: *Timbers of the World Bd. 8, Australasia.* London 1978 (Timber Research and Development Association 1978)

Handbook of Hardwoods. 5. veränd. Aufl., hrg. von R. H. Farmer, London 1988 (Department of the Environment)

Handbook of Softwoods. 4. Aufl. London 1986 (Department of the Environment)

Hoadley, R. Bruce: *Understanding Wood.* Newton, CT 1980 (Taunton)

Lavers, Gwendoline M.: *The Strength and Properties of Timber.* 3. veränd. Aufl., hrg. von G. L. Moore. London 1983 (Department of the Environment)

Porter, *Holz erkennen und Benutzen* 2006, 2021 (*HolzWerken*) Engl. Originalausgabe Wood Identification and Use GMC Publication

Index

Herausgeber Jonathan Bailey
Produktion Jim Bulley and Jo Pallett
Art Editor Gilda Pacitti, Cathy Challinor
Fotografien Joanne Karr and Michael O'Donnell, außer
Seite 8: Vastram/Shutterstock.com, page 129 (9a): Tony Boase
Zeichnungen von Simon Rodway nach Originalen von Michael O'Donnell
Zeichnungen Seite 63–65 von Michael O'Donnell

Übersetzung: Waltraud Kuhlmann, Bad Münstereifel
Übersetzung S. 48–58: Michael Auwers, Dassel
Fachliche Beratung: Georg Panz,
Lektorat: Dr. Joachim F. Baumhauer
Druck: Printed in Turkey

2. Auflage 2022
ISBN 978-3-7486-0532-4
Best.-Nr. 21856

HolzWerken
Ein Imprint von Vincentz Network GmbH & Co. KG , Plathnerstr. 4c
30175 Hannover